最新
汽车起重机司机
培训教程

李波 主编

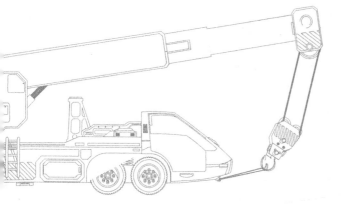

U0393140

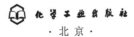

化学工业出版社

·北京·

本书主要教会汽车吊司机认识、了解汽车吊的整体结构，一步一步地学会操作汽车吊，并逐步掌握熟练操作的技巧；同时还要学会保养维护的基本知识和要求，以及必要的安全操作规程和安全注意事项。本书还添加了新技术的理论与正确使用等内容，使读者既会开普通汽车吊，又能操作最新型的汽车吊。

本书不仅适用于专业技术培训学校，也可供售后服务人员、维修人员自学参考。

图书在版编目（CIP）数据

最新汽车起重机司机培训教程/李波主编．—北京：化学工业出版社，2014.3（2022.7重印）
ISBN 978-7-122-19754-2

Ⅰ.①最… Ⅱ.①李… Ⅲ.①汽车起重机-驾驶员-技术培训-教材 Ⅳ.①TH213.6

中国版本图书馆 CIP 数据核字（2014）第 023731 号

责任编辑：张兴辉 　　　　　　　　文字编辑：陈　喆
责任校对：顾淑云　程晓彤 　　　　装帧设计：王晓宇

出版发行：化学工业出版社（北京市东城区青年湖南街 13 号　邮政编码 100011）
印　　装：北京虎彩文化传播有限公司
850mm×1168mm　1/32　印张 8¾　字数 240 千字
2022 年 7 月北京第 1 版第 7 次印刷

购书咨询：010-64518888 　　　　　　　　售后服务：010-64518899
网　　址：http://www.cip.com.cn
凡购买本书，如有缺损质量问题，本社销售中心负责调换。

定　　价：39.00 元 　　　　　　　　　　版权所有　违者必究

前言

FOREWORD

　　随着科学技术的快速发展，工程机械新技术、新产品不断涌现，汽车吊也有了新一代的产品，确立了新的机械理论体系。为满足职业技术培训学校及企业工程机械驾驶培训的需要，我们在过去已编《起重机操作工培训教程》一书基础上，根据近年来汽车吊培训中反馈的信息，有针对性地改编了本书。本书在原有基础理论技术的基础上，添加了新理论、新技术、新内容和新的操作方法，旨在提高汽车吊驾驶员的实际操作能力，以及管理服务人员在汽车吊施工现场分析和解决问题的能力。

　　本书是针对新一代汽车吊，电喷发动机理论技术、电脑控制以及电脑监控运用的操作，以了解认识汽车吊、会开汽车吊、熟练掌握施工操作技巧，最终成为一名既是操作高手，又会维护保养的合格驾驶员而编写的。

　　本书按汽车吊培训的内容分为：汽车吊常识；汽车吊安全要求；汽车吊结构基础知识；汽车吊操作技术；汽车吊维护保养以及汽车吊故障诊断。论述汽车吊操作过程中，必须掌握哪些理论知识（应知），需要具备哪些技能（必会），同时在完成这些技能时要注意哪些事项，及有哪些经验技巧可供参考，通过这些内容的学习体现做什么、学什么；学什么、用什么，体现出学以致用的特点。

　　本书由李波主编，朱永杰、李秋为副主编，李文强、徐文秀、马志梅等参与编写，并给予大力支持，对此表示衷心感谢！

　　由于编者水平有限，在编写过程中难免出现不足之处，恳请广大读者批评指正。

编者

目录

CONTENTS

第1篇　汽车起重机驾驶基础

第 3 篇　汽车起重机驾驶作业

第4篇　汽车起重机维护保养与故障排除

第 1 篇
汽车起重机驾驶基础

第1章
汽车起重机(汽车吊)简介

汽车起重机（汽车吊）是一种广泛用于港口、车间、电力、工地等的起吊搬运机械。"汽车吊"这个名称是起重机械统一的称号。汽车吊主要包括汽车吊、履带吊和轮胎吊，如图1-1所示。

图 1-1　汽车吊

起重机的主要用途：

① 在工业厂房建设中，各种构件与设备的安装（如装配式钢筋混凝土、钢柱、钢屋架、连接梁、基础梁、屋面板等）和厂房内部机械设备的安装。

② 各种不同结构件与设备的装卸工作。

③ 水工建筑物的底层混凝土和辅助工程混凝土的浇筑，以及大型设备的拆装。

履带起重机的接地比压低，行走时一般不超过0.2MPa，起重工作时不超过0.4MPa。因此它可以在荒野坷坎不平的松软地面上行走和工作。履带起重机的行走速度通常不超过 4km/h，大起重量的起重机速度更低，仅 0.8～1km/h。因此不适宜做长距离（10～20km）行走。长距离转移时应使用平板车装运。

通常将可与汽车编队行驶、速度、轴压及外形尺寸符合公路行驶要求的全回转起重机，称为汽车起重机。习惯上也把安装在通用或专用载重汽车底盘上的起重机，称为汽车起重机。

1.1 汽车吊功能与组成

1.1.1 汽车吊的功能

汽车吊是起重机的俗称，起重机是起重机械的一种，是一种作循环、间歇运动的机械。一个工作循环包括：取物装置从取物地把物品提起，然后水平移动到指定地点降下物品，接着进行反向运动，使取物装置返回原位，以便进行下一次循环。如固定式回转起重机、塔式起重机、汽车起重机、轮胎起重机、履带起重机等。

在一定范围内垂直提升和水平搬运重物的多动作起重机械，又称汽车吊，属于物料搬运机械。起重机的工作特点是做间歇性运动，即在一个工作循环中取料、运移、卸载等动作的相应机构是交替工作的，如图 1-2 所示。

图 1-2　汽车吊施工作业例图

1.1.2 汽车吊的组成

(1) 汽车起重机的组成

汽车起重机主要由三大部分组成。

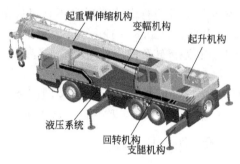

起重臂伸缩机构　变幅机构　起升机构

液压系统

回转机构
支腿机构

图 1-3　吊车的上车装置

① 下车行走部分（又称为底盘）。小吨位的汽车起重机一般采用标准的载重汽车底盘，大、中型吨位的汽车起重机则采用专用特制的汽车底盘。

② 回转支承部分。它是安装在下车行走部分上，用以支撑上部回转的装置。通过支承轮或滚子将上车回转部分的各种载荷传到下车行走部分的底架上，以保持上车回转部分围绕旋转轴线正确而灵活地转动，并保证上车回转部分有足够的稳定性。

③ 上车回转部分（又称为回转机台）。回转机台上装有起升机构、变幅机构、回转机构及操作室等其他装置。图 1-3 为吊车的上车装置。

汽车起重机具有良好的机动性和灵活性，能够迅速地从一个工作地点转移到另一个工作地点。正因为进行转移和投入工作所需要的准备时间很短，可以较充分地提高起重机的利用率。汽车起重机广泛地应用于建筑工地、露天货场、仓库、车站、码头、车间等各个生产部门从事装卸及安装等工作。在水电工程中，也用作浇筑水工建筑物的底层混凝土，还特别适用于工作点分散、货物零星的装卸和安装等作业。

汽车起重机在作业时，必须要求有较好的路面条件，在进行吊装作业时，几乎都要将支腿放下，从而就限制了起重机在吊装作业时的活动范围。

（2）履带起重机的组成

履带起重机属于全回转动臂式起重机，是一种适应范围较广、应用较普遍的起重设备。按传动系统可分为单轴绞车和双轴绞车两类；按驱动方式可分为电力驱动、内燃机驱动，电动-液压驱动及内燃机-液压驱动四种。

起重机由起重臂、上转盘、下底盘、回转支承装置、机房、履带架、履带，以及起重、回转、变幅、行走等机构及电气附件设备等组成。

履带起重机一般由履带式单斗挖掘机变换工作装置，并作局部改装而构成。其起重量和起升高度较大，目前最大起重量已达3200t（特雷克斯-德马格 CC9800 型），最大起升高度达 230m。起重臂一般采用可变长度的桁架结构，根据工作需要，可迅速接长。

1.2 汽车吊的种类

起重设备的种类很多，其中起重机（又称吊车）是一种对重物能同时完成垂直升降和水平移运的机械，单一地进行重复周期的工作。常用的起重设备分类见图1-4。

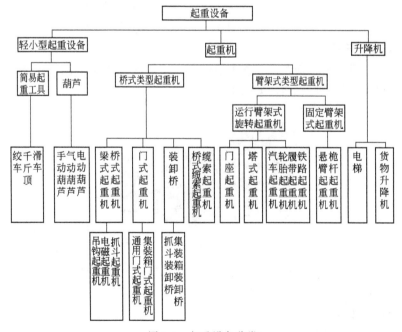

图 1-4 起重设备分类

汽车起重机的分类有许多种，通常是按臂架系统、传动系统和起重量来分类。

① 按臂架系统分类

$$\text{汽车起重机}\begin{cases}\text{桁架起重臂}\begin{cases}\text{固定桁架臂}\\\text{可变桁架臂}\end{cases}\\\text{液压伸缩臂}\end{cases}$$

② 按传动系统分类

$$\text{汽车起重机}\begin{cases}\text{机械传动式}\\\text{液压传动式}\\\text{电力传动式}\\\text{电力-液压传动式}\end{cases}$$

③ 按起重量分类

$$\text{汽车起重机}\begin{cases}\text{起重量在 12t 以下者为小型}\\\text{起重量在 16～50t 者为中型}\\\text{起重量在 65～125t 者为大型}\\\text{起重量 125t 以上者为特大型}\end{cases}$$

（1）汽车吊

汽车吊俗称随车吊，汽车吊的概念是把汽车和吊机相结合，不用组装直接可以工作。如图 1-5 所示。

图 1-5　汽车吊（QY50C 汽车起重机）

优点是方便灵活、工作效率高、转场快、工作效率高。

缺点是受地形限制（汽车吊最大吨位 3200t）。

（2）履带吊

履带吊是履带起重机的简称，是一种靠履带行走的汽车吊。如

图 1-6 所示。

图 1-6　履带吊　　　　　　　图 1-7　轮胎吊

　　优点是起重量大，可以吊重行走，具有较强的吊装能力。

　　缺点是拆装麻烦，起重臂不能自由伸缩，局限性太强，适合大型工厂，在厂区内工作。

(3) 轮胎吊

　　轮胎吊是利用轮胎式底盘行走的动臂旋转起重机。轮胎吊是把起重机构安装在加重型轮胎和轮轴组成的特制底盘上的一种全回转式起重机，其上部构造与履带式起重机基本相同。如图 1-7 所示。

　　优点是车身短，作业移动灵活，工作效率高。

　　缺点是受地形限制。

1.3　汽车吊的编号

(1) 汽车式起重机的类型

　　汽车式起重机的型号分类及表示方法与汽车式起重机的分类不同，汽车式起重机的分类如表 1-1 所示。汽车式起重机的型号分类及表示方法如表 1-2 所示。

表 1-1　汽车式起重机的分类

分类依据	类	别	备 注
起重量	小型	起重量在 12t 以下	—
	中型	起重量在 16～50t	
	大型	起重量在 65～125t	
	特大型	起重量在 125t 以上	
起重臂形式	桁架臂		除少量大型起重机外,较多的是采用箱形伸缩臂
	箱形伸缩臂		
传动装置	机械传动		其中机械传动已被淘汰,大多数采用液压传动
	电力传动		
	液压传动		

表 1-2　汽车式起重机的型号分类及表示方法

类	组	型	代号	代号含义	最大额定起重量
起重机械	汽车式起重机 Q(起)	机械式	Q	机械式汽车起重机	t
		液压式 Y(液)	QY	液压式汽车起重机	
		电动式 D(电)	QD	电动式汽车起重机	

表 1-2 的内容举例说明:

① 长江起重机厂生产的型号:QY-125 表示液压式起重机的最大起重量为 125t。

② 徐州起重机厂生产的型号:QY-80 表示液压式起重机的最大起重量为 80t。

(2) 国外汽车式起重机的型号表示方法

国外移动式工程起重机型号都是由生产厂家自行规定的,所以比较繁杂,也不统一,但基本上是以英文大写字母表示生产厂家名称第一个字母与机型,用数字表示起重量。

① 日本多田野公司(Tadano)产品型号表示方法如下:

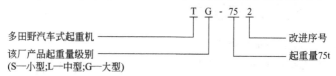

② TL 系列汽车式起重机型号表示方法。该系列汽车式起重机由日本多田野有限公司制造,其型号规定如下:

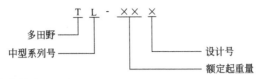

我国引进的有 TL-160、TL-202、TL-252、TL-360。

③ NK 系列汽车式起重机。该系列汽车式起重机由日本加藤有限公司制造。其型号规定如下：

我国引进的有 NK-400E、NK-300、NK-20B、NK-160。

④ 德国利渤海尔公司产品型号表示方法如下：

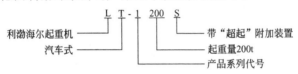

1.4 汽车吊的主要参数

汽车吊的主要参数是表征汽车吊主要技术性能指标的参数，是汽车吊设计的依据，也是起重机安全技术要求的重要依据。汽车吊主要性能参数指标见表 1-3。

表 1-3　汽车吊主要性能参数

起重量 G	起重量指被起升重物的质量,单位为 kg 或 t。可分为额定起重量、最大起重量、总起重量、有效起重量等	
	①额定起重量 G_n	额定起重量为汽车吊能吊起的物料连同可分吊具或属具(如抓斗、电磁吸盘、平衡梁等)质量的总和
	②总起重量 G_z	总起重量为汽车吊能吊起的物料连同可分吊具和长期固定在汽车吊上的吊具和属具(包括吊钩、滑轮组、起重钢丝绳以及在起重小车以下的其他起吊物)的质量总和

起重量 G	③有效起重量 G_p	有效起重量为汽车吊能吊起的物料的净质量 汽车吊标牌上标定的起重量,通常都是指汽车吊的额定起重量,应醒目表示在汽车吊结构的明显位置上 对于臂架类汽车吊来说,其额定起重量是随幅度而变化的,其起重特性指标是用起重力矩来表征的。标牌上标定的值是最大起重量
起升高度 H		起升高度是指汽车吊运行轨道顶面(或地面)到取物装置上极限位置的垂直距离,单位为 m。通常用吊钩时,算到吊钩钩环中心;用抓斗及其他容器时,算到容器底部
	①下降深度 h	当取物装置可以放到地面或轨道顶面以下时,其下放距离称为下降深度。即吊具最低工作位置与汽车吊水平支承面之间的垂直距离
	②起升范围 D	起升范围为起升高度和下降深度之和,即吊具最高和最低工作位置之间的垂直距离
跨度 S		跨度指桥式类型汽车吊运行轨道中心线之间的水平距离,单位为 m 桥式类型汽车吊的小车运行轨道中心线之间的距离称为小车的轨距 地面有轨运行的臂架式汽车吊的运行轨道中心线之间的距离称为该汽车吊的轨距
幅度 L		旋转臂架式汽车吊的幅度是指旋转中心线与取物装置铅垂线之间的水平距离,单位为 m。非旋转类型的臂架汽车吊的幅度是指吊具中心线至臂架后轴或其他典型轴线之间的水平距离 当臂架倾角最小或小车位置与汽车吊回转中心距离最大时的幅度为最大幅度;反之为最小幅度
工作速度 v		工作速度是指汽车吊工作机构在额定载荷下稳定运行的速度
	①起升速度 v_q	起升速度是指汽车吊在稳定运行状态下,额定载荷的垂直位移速度,单位为 m/min

	②大车运行速度 v_k	大车运行速度是指汽车吊在水平路面或轨道上带额定载荷的运行速度，单位为 m/min
工作速度 v	③小车运行速度 v_t	小车运行速度是指稳定运动状态下，小车在水平轨道上带额定载荷的运行速度，单位为 m/min
	④变幅速度 v_1	变幅速度是指稳定运动状态下，在变幅平面内吊挂最小额定载荷，从最大幅度至最小幅度的水平位移平均线速度，单位为 m/min
	⑤行走速度 v_0	行走速度是指在道路行驶状态下，流动式汽车吊吊挂额定载荷的平稳运行速度，单位为 km/h
	⑥旋转速度 ω	旋转速度是指稳定运动状态下，汽车吊绕其旋转中心的旋转速度，单位为 r/min

1.5 汽车吊的发展趋势

1.5.1 汽车吊的特点与优势

(1) 改进起重机械的结构，减轻自重

国内起重机大多已采用计算机优化设计，以此提高整机的技术性能和减轻自重，并在此前提下尽量采用新结构。例如 5～50t 通用桥式起重机中，采用半偏轨的主梁结构，与正轨箱形梁相比，可减少或取消主梁中的小加肋板，取消短加肋板，减少结构重量，节省加工工时。目前国家星火计划提出，桥架采用四根分体式不等高结构，使它在与普通桥式起重机同样的起升高度时，厂房的牛腿标高可下降 1.5m；两根主梁的端部置于端梁上，用高强度螺栓连接；车轮踏面高度因此下降，也就使厂房牛腿标高下降。在垂直轮压的作用下，柱子的计算高度降低，使厂房基建费用减少，厂房寿命增加。

(2) 充分吸收利用国外先进技术

起重机大小车运行机构，采用了德国 Demag 公司的"三合一"

驱动装置，吊挂于端梁内侧，使其不受主梁下挠和振动的影响，提高了运行机构性能与寿命，并且结构紧凑，外观美观，安装维修方便。

随着国内机械加工能力的提高，使大车端梁和小车架整体镗孔成为可能，因而45°剖分和车轮组成圆柱形的轴承箱，将有可能代替角形轴承箱，装在车轮轴上的车轮轴孔中心线与端梁中心线，构成标准的90°，于是车轮的水平和垂直偏斜即可严格控制在规定范围内，避免发生啃轨现象。由于小车架为焊后一次镗孔成形，使四个车轮孔的中心线在同一平面内，故成功地解决了三点落地的问题。

起升机构采用中硬齿面或硬齿面的减速器，齿轮精度达到7级，齿面硬度达到320HBW，因而提高了承载能力，延长了使用寿命。

电气控制方面吸收消化了国外的先进技术，采用了新颖的节能调速系统。例如晶闸管串级开环或闭环系统，调整比可达1∶300，随着对调速要求的提高，变频调速系统也将使用于起重机上。同时，微机控制也将在起重机上得到应用。例如三峡工程600t坝顶门式起重机，要求采用变频调速系统、微机自动纠偏，以及大扬程高精度微机监测系统。

随着生产发展，遥控起重机需要量也越来越大，宝钢在考察了国外钢厂起重机之后，提出了大力发展遥控起重机的建议，以提高安全性，减少劳动力。

(3) 向大型化发展

由于国家对能源工业的重视和资助，建造了许多大、中型水电站，发电机组越来越大。特别是长江三峡工程的建设，对大型起重机的需要量迅速上升。三峡工程左岸电站主厂房安装了两台1200/125t桥式起重机，配备了2000t大型塔式起重机。

已在建设中的大、中型水电站还有很多，有些已完成使用，例如广西岩滩、龙滩、清江隔河岩、福建水口电站等；还有很多核电站和大、中型火力发电厂需要建设。可以预计大吨位高性能起重机的需要量是非常大的，前景广阔。

1.5.2　汽车吊的发展趋势

(1) 简化设备结构，减轻自重，降低生产成本

芬兰 Kone 公司为某火力发电厂生产的起重机就是一个典型的例子。其中，起升机构减速器的外壳与小车架一端梁合二为一，卷筒一端与减速器相连，另一端支撑于小车架的另一端梁上。定滑轮组与卷筒组连成一体，省去了支撑定滑轮组的承梁，简化了小车架的整体结构。同时，小车运行机构采用三合一驱动装置，即减轻了小车架和小车的自重。副起升机构为电动葫芦置一台车上，由主起升小车牵引。小车自重的减轻使起重机主梁截面亦随之减小，因而整机自重大幅度减轻。国内生产的 75/20t、31.5m 跨度起重机自重 94t，而 Kone 公司生产的 80/20t、29.4m 跨度起重机自重只有 60t。法国 Patain 公司采用了一种以板材为基本构件的小车架结构，其重量轻，加工方便，适用于中、轻级中小吨位的起重机。该结构要求起升机构采用行星-圆锥齿轮减速器，不直接与车架相连接，以此来降低小车架的刚度要求，简化小车架结构，减轻自重。Patain 公司的起重机大小车运行机构采用三合一驱动装置，结构较紧凑，自重较轻，简化了总体布置。此外，由于运行机构与起重机走合没有联系，走台的振动也不会影响传动机构。

(2) 更新零部件，提高整机性能

法国公司采用窄偏轨箱形梁作主梁，其高、宽比为 4∶3.5，大肋板间距为梁高的 2 倍，不用小肋板。主梁与端梁的连接采用搭接方式，使垂直力直接作用于端梁上盖板，由此可降低端梁的高度，便于运输。

在电控系统上，该公司采用涡流联轴器和涡流制动器（多电动机调速系统），可实现有载及空载的有级或无级调速，其工作原理见图 1-8。

变频调速在国外起重机上已开始应用，例如 ABB 公司、日本富士、奥地利伊林公司已广泛采用。该调速方案具有高调速比，甚至可达到无级调速，并可节能等优点。另外在国外，将遥控装置用于起重机也已普遍化，特别是在大型钢铁厂已广泛使用。

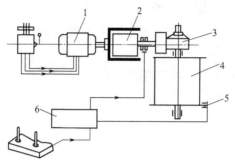

图 1-8　涡流离合器调速原理

1—起升电动机；2—涡流离合器；3—减速器；4—卷筒；5—制动器；6—控制屏

（3）设备大型化

随着世界经济的发展，起重机械设备的体积和重量越来越趋于大型化，起重量和吊运幅度也有所增大，为了节省生产和使用费用，其服务场地和使用范围也随之增大。例如：新加坡裕廊船厂，要求岸边的修船门座起重机能为并排的两条大油轮服务，其吊运幅度为105m，且在70m幅度时能吊100t；我国三峡工程中使用的1200t桥式起重机，对调速要求很高，为三维坐标动态控制。

（4）机械化运输系统的组合应用

国外一些大厂为了提高生产率、降低生产成本，把起重运输机械有机地组合在一起，构成先进的机械化运输系统。日本村田株式会社尤山工厂，在车间中部建造了一个存放半成品的主体仓库，巷道式堆垛机按计算机系统规定的程序向生产线上发送工件。堆垛机把要加工的工件送到发货台，然后由单轨起重小车吊起。按计算机的指令发送到指定工位进行加工。被加工好的工件再由单轨起重小车送到成品库。较大型工件由地面无人驾驶车运送，车间内只有几个人管理，生产率很高。

德国公司在飞机制造厂中，采用了一套先进的单轨或悬挂式运输系统，大大简化了运输环节。将所运物品装入专用集装箱内（有单轨系统的轨道），由码头运至工厂；厂内的单轨系统与集装箱内的轨道对接，物品进入厂房，并由单轨运输系统按计算机的指令入库或进入工位，实现门对门的运输。

第 2 章
汽车吊驾驶安全要求与安全操作规程

　　汽车式起重机安全操作主要包括两个方面：一是整机道路安全行驶的安全操作，二是使用起重机作业时的安全操作。这就要求起重机操作工既要具备机动车驾驶证，又要有工程机械特种专业操作的技术与证书。目的是确保起重机操作使用的安全性。

　　汽车式起重机的常见事故是翻车、折臂和触电等，这主要是操作人员不了解和违反操作规程引起的。汽车式起重机结构由于作业环境随时变化，作业范围大，转移速度快，起重机构复杂，进出结构安全系数控制严格，操纵难度大，因此危险期因素也较多，使用不当事故发生率亦增加。造成事故的原因是很复杂的，它涉及管理制度、技术素质、机构状况、应用技术、作业条件、施工协调等多方面的因素。本节集中介绍主要的危险因素、防止措施，以及安全操作要求，目的是使起重机得到最佳使用效果，确保安全作业，防止起重作业事故的发生。

　　起重机操作人员必须了解自己操作的起重机各工作机构、性能、作用、工作原理和操作方法及要领。操作中要严格按照产品使用说明书上的要求和力限器显示的参数及性能表中的规定起重量进行作业，认真遵守国家有关起重机安全规程法规。不同型号的起重机有不同的动作操作要求。起重机动作各机构均系液压传动，可无级调速，工作平稳可靠，操作简便省力，并具有较好的微动性能。

2.1 汽车式起重机的稳定性

起重机的稳定性是起重机的重要参数性能，起重机一旦丧失稳定性，就会造成翻车事故。

(1) 行驶状态的稳定性

① 行驶状态纵向稳定性。起重机设计时规定了起重机所允许爬坡的最大坡角，当坡角超过规定值时，前轮轮压可能为零，这样起重机就无法控制转向，这就叫起重机失去行驶稳定性。当起重机在坡道上的下滑力接近驱动轮上的附着力时，车轮则不能上坡而产生打滑现象，这也是一种失去稳定性的现象。

② 行驶状态横向稳定性。起重机在转弯行驶时，受到离心力、横向风力以及起重机重力的横向分力和附着力的作用。当这些力失去平衡时，起重机就会横向打滑或翻车，这就是丧失了横向稳定性。

(2) 工作状态的稳定性

① 工作状态的静稳定性是指起重机在载荷和自身重力的作用下的稳定性。一般用稳定系数表示，它就是作用在起重机上的稳定力矩与倾翻力矩的比值。

② 工作状态的动稳定性是指除考虑起吊物品的质量和起重机自身质量对起重机稳定性的影响外，还要把起重机所受风载荷，所在地面的坡角、惯性力、离心力等影响因素考虑进去时的起重机稳定性。

2.2 物体的重力、重心和吊点位置的选择

2.2.1 物体的重力

起重作业时，当被吊装构件和物体的重力没有直接提供时，必须正确确定构件和物体的重力，用于进一步核定实际起重量和工作倾度，再依据塔式起重机的起重量性能判断是否超过额定起重量。

物体的重力表示物体受地球引力的大小，与物体的质量有关。物体的质量表示物体所含物质的多少，等于物体的体积乘以物体材

料的密度。物体的重力可根据下式计算：

$$G=mg-V\rho g$$

式中　m——物体的质量，kg；

　　　V——物体的体积，m^3；

　　　ρ——物体材料的密度，kg/m^3；

　　　g——重力加速度，$9.81m/s^2$，可以理解为质量为 1kg 的物体受到的重力大小约为 10N。

物体体积的计算，对于简单规则的几何形体的体积，可按表2-1 中的计算公式计算；对于复杂的物体体积，可将其分解成几个规则的或近似的几何形体，求其体积的总和。

表2-1　各种几何形体体积计算公式

名称	图形	公式
立方体		$V=a^3$
长方体		$V=abc$
圆柱体		$V=\dfrac{\pi}{4}d^2h=\pi R^2 h$ 式中　R——半径
空心圆柱体		$V=\dfrac{\pi}{4}(D^2-d^2)h=\pi(R^2-r^2)h$ 式中　r、R——内、外半径
斜截正圆柱体		$V=\dfrac{\pi}{4}d^2\dfrac{h_1+h}{2}=\pi R^2\dfrac{h_1+h}{2}$ 式中　R——半径

名称	图 形	公式
球体		$V = \frac{4}{3}\pi R^3 = \frac{1}{6}\pi d^3$ 式中 R——底圆半径 d——底圆直径
圆锥体		$V = \frac{1}{12}\pi d^2 h = \frac{\pi}{3}R^2 h$ 式中 R——底圆半径 d——底圆直径
任意三棱体		$V = \frac{1}{2}bhl$ 式中 b——边长 h——高 l——三棱体长
截头方锥体		$V = \frac{h}{6}\left[(2a+a_1)b + (2a_1+a)b_1\right]$ 式中 a、a_1——上、下边长 b、b_1——上、下边宽 h——高
正六角棱柱体		$V = \frac{3\sqrt{3}}{2}b^2 h$ $V = 2.598 b^2 h = 2.6 b^2 h$ 式中 b——底边长

2.2.2 重心和吊点位置的选择

(1) 重心

重心是物体所受重力合力的作用点,物体的重心位置由物体的几何形状和物体各部分的质量分布情况来决定。质量分布均匀、形状规则的物体重心在其几何中心。物体的重心相对物体的位置是一定的，它不会随物体放置位置的改变而改变。物体的重心可能在物体的形体之内，也可能在物体的形体之外。图 2-1 为起重机的料斗。

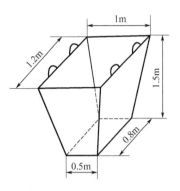

图 2-1　起重机的料斗

物体重心的位置有非常重要的意义，如塔式起重机起重量过大而平衡重过小，就会造成整个塔式起重机的重心前移到支撑面积之外，以致发生倾翻。重心位置对物体的吊运、安装也非常重要，如果起吊时物体的重心不在吊钩的正下方，那么在物体离开地面时就不能保持平衡，以致发生危险。

确定物体重心位置的方法有以下三种。

① 利用形体的对称性确定重心。日常所见物体多为均质物体，而且很多常见的形体都有一定的对称性，即具有对称面、对称轴线或对称中心。凡具有对称面、对称轴线或对称中心的均质物体，其重心必在其对称面、对称轴线或对称中心上。

利用形体的对称性，能确定出很多几何形体的重心。例如：球体的重心就是球心，矩形物体的重心就是矩形中心（两对角线的交点），环形物体的重心就是圆环中心（与此处是否有物质无关），三角形的重心为三角形顶点与对边中点连线的交点。

② 用悬挂法确定重心。对于形状不规则的物体，常用悬挂法确定重心。如图 2-2 所示，方法是在物体上任意找一点 A，用绳子把它悬挂起来，物体的重力和悬索的拉力必定在同一条直线上，也就是重心必定在通过 A 点所作的竖直线 AD 上；再取任一点 B，同样把物体悬挂起来，重心必定在通过 B 点所作的竖直线 BE 上。这两条直线的交点，就是该物体的重心。

③ 用计算法确定重心。任何一个质量分布均匀的不规则物体都可以分割为多个规则的部分，因此根据力矩平衡原理便可求出它们的重心，即：

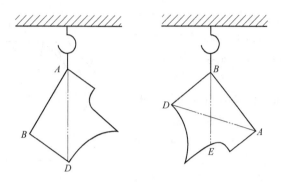

图 2-2 悬挂法求形状不规则物体的重心

$$重心坐标 = \frac{各部分面积（或体积）与各部分重心坐标乘积的总和}{整个面积（或体积）}$$

对于塔式起重机及组合式的桁架类构件等，确定其重心时也可应用上述计算方法，只不过在上述公式中将"面积（或体积）"改成重力即可。

（2）吊点位置和数量的选择

在起重作业中，应当根据被吊物体来选择吊点位置和数量，吊点位置和数量选择不当就会造成吊索受力不均，甚至发生被吊物体转动和倾翻的危险，还可使长宽比较大的构件发生变形、开裂，甚至折断。吊点位置和数量的选择，一般按下列原则进行。

① 有设计吊点。吊运各种设备和构件时，要用原设计的吊耳或吊环。

② 无设计吊点。吊运各种设备和构件时，如果没有吊耳或吊环，可在靠近设备或构件的四个端点处捆绑吊索，并使吊钩中心与设备或构件的重心在同一条铅垂线上。有些设备虽然未设吊耳或吊环（如各种罐类以及重要设备），却往往有吊点标记，应仔细检查。

③ 方形物体。吊运方形物体时，四根吊索应拴在物体的四边对称点上。

④ 细长物体。吊装细长物体时，如桩、钢筋、钢柱和钢梁等杆件，应按计算确定的吊点位置绑扎绳索。如图 2-3 所示，吊点位置的确定有以下几种情况。

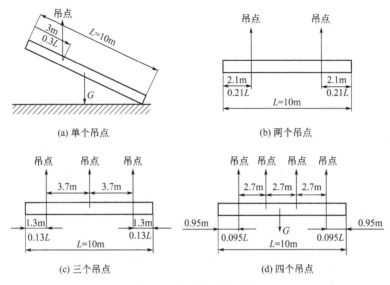

(a) 单个吊点　　　　　　　　　　(b) 两个吊点

(c) 三个吊点　　　　　　　　　　(d) 四个吊点

图 2-3　吊点位置的确定

a. 一个吊点。起吊点位置应设在距起吊端 0.3L（L 为物体的长度）处。如钢管长度为 10m，则捆绑位置应设在钢管起吊端距端部 10×0.3＝3m 处，如图 2-3（a）所示。

b. 两个吊点。如起吊用两个吊点，则两个吊点应分别在距物体两端 0.21L 处。如果物体长度为 10m，吊点位置为 10×0.21＝2.1m，如图 2-3（b）所示。

c. 三个吊点。如物体较长，为减少起吊时物体所产生的应力，可采用三个吊点。三个吊点位置确定的方法是：首先用 0.13L 确定出两端的两个吊点位置，然后把两个吊点间的距离等分，即得第三个吊点的位置，也就是中间吊点的位置。如杆件长 10m，则两端吊点位置为 10×0.13＝1.3m，如图 2-3（c）所示。

d. 四个吊点。选择四个吊点，首先用 0.095L 确定出两端的两个吊点位置，然后再把两个吊点间的距离进行三等分，即得中间两个吊点位置。如杆件长 10m，则两端吊点位置分别距两端 10×0.095＝0.95m，中间两个吊点位置分别距两端 10×0.095＋10×(1－0.095×2)/3＝(0.95＋2.7) m，如图 2-3（d）所示。

2.3 汽车吊的安全操作

2.3.1 安全操作总则

① 汽车吊司机属于特种作业人员，必须身体健康，没有禁忌病症，自然视力在 0.7 以上，听力正常等，并经当地安全生产监督部门统一组织的专门培训、考试合格后，由得到安全生产监督部门发给的特种作业操作证的人员担任。其他无证人员一律不准从事本工种作业。

② 汽车吊司机必须认真遵守安全规章制度，熟悉汽车吊的结构、性能和起重调运指挥信号。

③ 汽车吊司机必须从专用梯子上、下汽车吊，不准从其他汽车吊上跨越，并应禁止无关人员登上汽车吊。

④ 在启动汽车吊之前要查看汽车吊上和轨道上有无人员，确认安全无疑时方准鸣铃起步。

⑤ 汽车吊在作业时，禁止同时进行维修和维护保养。当必须维护保养和检修时，要拉闸断电并挂牌。在检修时，汽车吊司机必须和检修人员配合好，并应听从检修指挥者的指挥；还应注意在检修时不得往下扔或掉物件，以防砸伤下面的有关人员。

⑥ 在吊运中司机应只听从起重指挥人员的指挥，但紧急情况时，任何人发出的紧急停车信号都应停车。

⑦ 汽车吊在作业时，起重指挥人员和司机不准离开作业岗位。

⑧ 在每班作业前应先进行试吊，禁止超负荷吊运。吊物应走吊运路线，不准从人头上通过。

⑨ 严禁汽车吊司机酒后或精神不正常时进行作业。作业中也不得与他人闲谈或做其他动作。

2.3.2 司机在作业前的准备工作

作业前交接班人员应共同对设备状况进行详细检查。交班人员如发现接班人员饮酒或精神不正常时，应及时报告领导处理。其检查内容包括：

① 检查配电盘是否拉闸断电，不允许带电检查。

② 检查各操作系统动作是否灵敏，手柄是否扳到零位。

③ 检查钢丝绳有无断股、变形，在卷筒上有无串槽和重叠现象。

④ 制动器有无卡塞现象，弹簧、销轴、连接板和开口销等是否完好。

⑤ 检查滑块在滑线上接触是否良好。

⑥ 各安全防护装置是否灵敏可靠。

⑦ 吊钩转动是否灵活。

2.3.3 司机在作业中的注意事项

① 要先鸣铃后启车，启车要稳，逐挡加速。

② 当班第一次吊载时应先进行试吊。

③ 在作业中如遇停电时，应把手柄全部扳到零位。

④ 在有载荷的情况下，司机不准离开工作岗位；在工作间歇时，也不准将吊物悬在空中。

⑤ 有主副钩的汽车吊，主副钩不应同时开动。

⑥ 使用两台汽车吊合吊一个重物时的要求和注意事项，按特殊操作技术操作。

⑦ 在作业时，禁止在任何部位上载人运行，或其他人员上、下汽车吊。

⑧ 在作业时，司机应严格遵守汽车吊机械作业的"十不吊"。

a. 超过额定负荷、歪拉斜挂不吊。

b. 指挥信号不明、重量不清、光线暗淡不吊。

c. 吊索和附件捆缚不牢，不符合安全要求不吊。

d. 行车吊挂重物直接进行加工时不吊。

e. 汽车吊的安全装置失灵时不吊。

f. 工件上站人或工件上有浮动物的不吊。

g. 氧气瓶、乙炔瓶等具有爆炸性的物品不吊。

h. 带有棱角、缺口未垫好的不吊。

i. 埋在地下的物件不吊。

j. 干部违章指挥不吊。

⑨ 司机在作业时应遵守下列要求。

a. 不准利用极限位置的限位器进行停车。

b. 不准在有载荷的情况下，调整起升制动器。

c. 不准进行检查和维修。

d. 对无反接制动性能的汽车吊，除特殊情况外，不准利用打反车进行制动。

⑩ 载荷达到或接近额定能力时，在未检查制动和进行试吊前，不应进行吊运作业。

⑪ 在吊运时如遇有多人挂钩，应只听起重指挥人员的指挥。

⑫ 司机在作业中如遇有下列情况之一时，应发出信号（鸣铃）：

a. 起吊重物、落下重物和开动大、小车时。

b. 汽车吊从视界不清处通过时（要连续鸣铃）。

c. 在同轨道上接近跨内另一台汽车吊时。

d. 吊运重物接近人员时。

e. 有其他紧急情况时。

2.3.4　司机在作业结束后应做到的事项

① 把吊钩升起、小车开到主梁的一端，把大车开到指定地点。

② 把所有控制手柄扳回零位。

③ 切断电源。

④ 将汽车吊清扫或擦拭干净。

⑤ 按规定进行润滑和维护保养。

2.4　汽车吊驾驶员的素质和职责

随着经济的快速发展，汽车吊数量越来越多，汽车吊驾驶员队伍迅速扩大，努力提高驾驶员的素质是保证人身、车辆和货物安全的关键。汽车吊驾驶员必须是年满 18 周岁、身高 155cm 以上，初中以上文化程度。经过专业培训，并考核合格，取得《特种设备作业人员证》后，方可单独驾驶操作。

2.4.1　汽车吊驾驶员的基本素质

(1) 思想素质过硬

① 责任意识较强。汽车吊驾驶员必须热爱本职工作、忠于职

守、勤奋好学，对工作精益求精，对国家、单位财产以及人民生命安全高度负责，安全、及时、圆满地完成各项任务。

② 驾驶作风严谨。汽车吊驾驶员应文明装卸、安全作业，认真自觉地遵守各项操作规程。道路好不逞强，技术精不麻痹，视线差不冒险，有故障不凑合，任务重不急躁。

③ 职业道德良好。汽车吊驾驶员工作时，应安全礼让，热忱服务，方便他人。作业中能自觉搞好协同，对不同货物能采取不同的装卸方式，不乱扔乱摔货物。

④ 奉献精神凸显。汽车吊驾驶员职业是一个艰苦的体力劳动与较复杂的脑力劳动相结合的职业，要求驾驶员在工作环境恶劣、条件艰苦的场合和危急时刻，应有不怕苦、不怕脏、不怕累的奉献精神，还要有大局意识、整体观念和舍小顾大的思想品质。

（2）心理素质优良

① 情绪稳定。当驾驶员产生喜悦、满意、舒畅等情绪时，他的反应速度较快，思维敏捷，注意力集中，判断准确，操作失误少。反之，当他产生烦恼、郁闷、厌恶等情绪时，便会无精打采，反应迟缓，注意力不集中，操作失误多。因此要求驾驶员要及时调控好情绪，保持良好的心境。

② 意志坚强。意志体现在自觉性、果断性、自制性和坚持性上。坚强的意志可以确保驾驶员遇到紧急情况时，能当机立断进行处理，保证行驶和作业安全；遇有困难能沉着冷静，不屈不挠，持之以恒。

③ 性格开朗。性格是人的态度和行为方面比较稳定的心理特征，不同性格的人处理问题的方式和效果不一样。从事汽车吊驾驶工作，必须热爱生活，对他人热情、关心体贴；对工作认真负责，富有创造精神；保持乐观自信，能正确认识自己的长处和弱点，以利于安全行驶和作业。

（3）驾驶技术熟练

① 基础扎实。驾驶员具有扎实的基本功，能熟练、准确地完成检查、启动、制动、换挡、转向、挖掘、行走、停车等操作，基本功越扎实，对安全行驶和作业越有利，才能做到眼到手到，遇险

不惊、遇急不乱。

② 判断准确。驾驶员能根据行人的体貌特征、神态举止、衣着打扮等来判断行人的年龄、性别和动向，能判断相遇车型的技术性能和行驶速度，能根据路基质量、道路宽度来控制车速，能根据货物的包装和体积判断货物的重量和重心等，以此判断汽车吊和货物所占空间，前方通道是否能安全通过，对会车和超车有无影响等。

③ 应变果敢。汽车吊在行驶和作业过程中，情况随时都在变化，这就要求驾驶员必须具备很强的应变能力，能适应行驶和作业的环境，迅速展开工作，完成作业任务，保证人、车和货物的安全。

(4) 身体健康

汽车吊驾驶员应每年进行一次体检，有下列情况之一者，不得从事此项工作。

① 双眼矫正视力均在 0.7 以下，色盲。

② 听力在 20dB 以下。

③ 中枢神经系统器质性疾病（包括癫痫）。

④ 明显的神经官能症或植物神经功能紊乱。

⑤ 低血压、高血压（低压高于 90mmHg、高压高于 130mmHg）、贫血。

⑥ 器质性心脏病。

2.4.2 汽车吊驾驶员的职责

① 认真钻研业务，熟悉汽车吊技术性能、结构和工作原理，提高技术水平，做到"四会"，即会使用、会养修、会检查、会排除故障。

② 严格遵守各项规章制度和汽车吊安全操作规程、技术安全规则，加强驾驶作业中的自我保护，不擅离职守，严禁非驾驶员操作，防止意外事故发生，圆满完成工作任务。

③ 爱护汽车吊，积极做好汽车吊的检查、保养、修理工作，保证汽车吊及机具、属具清洁完好，保证汽车吊始终处于完好技术

状态。

④ 熟悉汽车吊装卸作业的基本常识，正确运用操作方法，保证作业质量，爱护装卸物资，节约用油，发挥汽车吊应有的效能。

⑤ 养成良好的驾驶作风，不用汽车吊开玩笑，不在驾驶作业时饮食、闲谈。

⑥ 严格遵守汽车吊的使用制度规定，不超载，不超速行驶，不酒后开车，不带故障作业，发生故障及时排除。

⑦ 多班轮换作业时，坚持交接班制度，严格交接手续，做到"四交"：交技术状况和保养情况；交汽车吊作业任务；交清工具、属具等器材；交注意事项。

⑧ 及时准确地填写《汽车吊作业登记表》、《汽车吊保养（维修）登记表》等原始记录，定期向领导汇报汽车吊的技术状况。

⑨ 汽车吊上路行驶时，应严格遵守交通规则，服从交通警察和公路管理人员的指挥和检查，确保行驶安全。

⑩ 驾驶员在驾驶作业中，要持《汽车吊操作驾驶证》，不准操作与驾驶证件规定不相符的汽车吊。

第2篇
汽车起重机构造原理

第3章
汽车吊动力装置

3.1 发动机常识

　　汽车吊的动力源是发动机，它利用燃料燃烧后产生的热能使气体膨胀以推动曲柄连杆机构运转，并通过液压传动机构和执行机件驱动汽车吊工作。由于这种机器的燃料燃烧是在发动机内部进行，所以称为内燃机。

　　汽车吊上使用的内燃机，大多数是往复活塞式内燃机，即燃料燃烧产生的爆发压力通过活塞的往复运动，转变为机械动力。

　　目前，17t 汽车起重机采用上柴公司 6C215-2 型发动机，25t、26t 汽车起重机采用东风康明斯公司 C245-20 型发动机，52t 汽车起重机采用潍柴公司斯太尔 WD615.44 型发动机。

　　下面以斯太尔 WD615.44 型发动机为例进行介绍，如图 3-1 所示。

图 3-1　发动机剖视图

（1）常用性能术语

　　① 上止点：活塞顶离曲轴中心最远处，即活塞最高位置，称

为上止点。

②下止点：活塞顶离曲轴中心最近处，即活塞最低位置，称为下止点。

活塞上、下止点示意图见图 3-2。

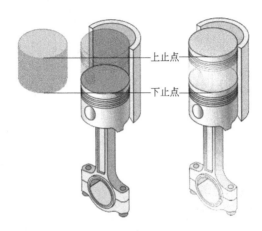

图 3-2　活塞上、下止点示意图

③活塞行程：上、下止点间的距离，称为活塞行程。见图 3-2。

④曲柄半径：曲轴与连杆下端的连接中心至曲轴中心的距离，称为曲柄半径。见图 3-3。

⑤汽缸工作容积：活塞从上止点到下止点所扫过的容积，称为汽缸工作容积或汽缸排量。汽缸工作容积等于汽缸总容积减燃烧室容积。

⑥汽缸总容积 V：活塞在下止点时，其顶部以上的容积，称为汽缸总容积。

汽缸总容积等于汽缸工作容积加燃烧室容积。

⑦燃烧室容积 v：活塞在上止点时，其顶部以上的容积，称为燃烧室容积。

燃烧室容积等于汽缸总容积减汽缸工作容积。

⑧压缩比：压缩前汽缸中气体的最大容积与压缩后的最小容积之比，称为压缩比。换言之，压缩比等于汽缸总容积与燃烧室容

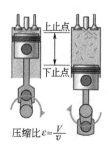

$$压缩比\ \varepsilon = \frac{V}{v}$$

图 3-3　曲柄半径

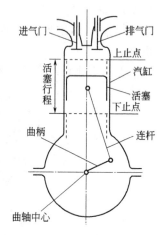

图 3-4　发动机示意图

积之比。发动机示意图见图 3-4。

(2) 发动机的工作原理

在活塞式内燃发动机中，气体的工作状态包含进气、压缩、做功和排气四个过程的循环。这四个过程的实现是活塞与气门运动情况相联系的，使发动机一个循环接一个循环地持续工作。四冲程发动机就是曲轴转两圈，活塞在汽缸内上下各两次，进、排气门各开闭一次，完成进气、压缩、做功、排气四个过程，产生一次动力，见图 3-5。

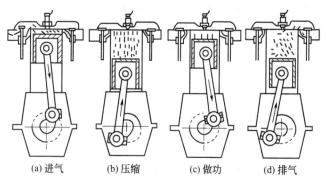

(a) 进气　　　(b) 压缩　　　(c) 做功　　　(d) 排气

图 3-5　四冲程发动机工作循环

① 进气行程。当活塞由上止点向下止点移动时，进气门开启，排气门关闭。对于汽油机而言，空气和汽油合成的可燃混合气就被吸入汽缸，进行进气过程。对于柴油机而言，它在活塞进气过程中吸入汽缸的只是纯净的空气。这一活塞行程就称为进气行程。

② 压缩行程。为使吸入汽缸的可燃混合气能迅速燃烧，以产生较大的压力，从而使发动机发出较大功率，必须在燃烧前将可燃混合气压缩，使其容积缩小、密度加大、温度升高，即需要有压缩过程。在这个过程中，进、排气门全部关闭，曲轴推动活塞由下止点向上止点移动一个行程，称为压缩行程。

③ 做功行程。在这个行程中，进、排气门仍旧关闭。对于汽油机而言，在压缩行程终了之前，即当活塞接近上止点时，装在汽缸盖上的火花塞即发出电火花，点燃被压缩的可燃混合气。可燃混合气被燃烧后，放出大量的热能。因此，燃气的压力和温度迅速增加。所能达到的最高压力为 3～5MPa，相应的温度则为 2200～2800K。对于柴油机而言，在压缩行程终了之前，通过喷油器向汽缸喷入高压柴油，迅速与压缩后的高温空气混合，形成可燃混合气后自行发火燃烧。此时，汽缸内气压急速上升到 6～9MPa，温度也升到 2000～2500K。高温高压和燃气推动活塞从上止点向下止点运动，通过连杆使曲轴旋转并输出机械能，这一活塞行程称为做功行程。

④ 排气行程。可燃混合气燃烧后产生的废气，必须从汽缸中排出，以便进行下一个进气行程。

当做功行程接近终了时，排气门开启，靠废气的压力进行自由排气，活塞到达下止点后再向上止点移动时，继续将废气强制排到大气中。活塞到达上止点附近时，排气行程结束。

如果改变发动机的结构，使发动机的工作循环在两个活塞行程中完成，即曲轴旋转一圈的时间内完成，这种发动机就称为二冲程发动机。

(3) 柴油机外特性

内燃机的油门固定不动，内燃机的功率、转矩、燃油消耗率等性能参数随转速的变化关系，称为内燃机的速度特性。当油门放在最大供油位置时的速度特性称为内燃机的外特性。

将油门固定在最大供油位置，在转速小于或等于标定转速时，柴油机的性能参数随转速变化的关系，称为柴油机的外特性；在转速高于标定转速时，柴油机的性能参数随转速变化的关系，称为调速特性。内燃机的外特性对配套的起重机具有重要意义。

如图 3-6 所示为斯太尔 WD615.44 型车用柴油机性能曲线。从图中可以看出：功率 P_e 随转速升高而增大，在标定转速为 2200r/min 时，P_e 达到最大值；燃油消耗率 g_e 曲线，不论负荷大小，都很平坦，略呈微翘形，最经济区的转速范围很宽，在 1500r/min 左右达到最小值。转矩 M_e 曲线变化比较平坦，在中低速区，转矩随转速升高而增大，在 1500r/min 时达到最大值，然后随转速升高而降低。

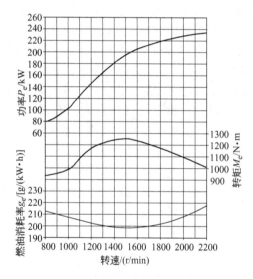

图 3-6　斯太尔 WD615.44 型车用柴油机性能曲线

3.2　发动机基本结构

发动机是由许多机构和系统组成的复杂机器。下面介绍四冲程发动机的一般构造。发动机的组成有两大机构、四个系统，发动机整体系统见图 3-7。

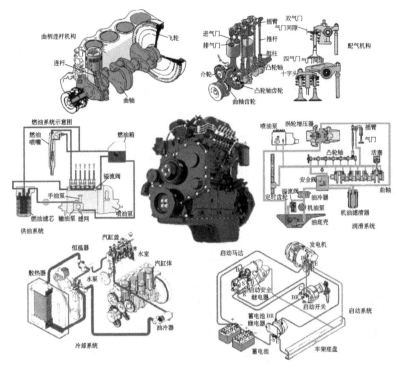

图 3-7 发动机整体系统

① 曲柄连杆机构。包括汽缸盖、汽缸体、油底壳、活塞、连杆、飞轮、曲轴等。

② 配气机构。包括进气门、排气门、挺柱、推杆、摇臂、凸轮轴、凸轮轴正时齿轮、曲轴正时齿轮等。

③ 供油系统。包括汽油箱、汽油泵、汽油滤清器、化油器（喷油泵）、空气滤清器、进气管、排气管、排气消声器等。

④ 冷却系统。包括水泵、散热器、风扇、分水管、汽缸体放水阀、水套等。

⑤ 润滑系统。包括机油泵、集滤器、限压阀、润滑油道、机油粗滤器、机油冷却器等。

⑥ 启动系统。包括启动机及其附属装置。

发动机一般都由上述两个机构和四个系统所组成。

3.2.1 曲柄连杆机构

曲柄连杆机构的功用，是把燃气作用在活塞顶上的力转变为曲轴的转矩，以向工作机械输出机械能。曲柄连杆机构的主要零件可以分成三组：机体组、活塞连杆组、曲轴飞轮组。

（1）机体组

机体组由汽缸体、汽缸盖、汽缸衬垫和油底壳等机件组成。

① 汽缸体。汽缸体是发动机所有零件的装配基体，应具有足够的刚度和强度，一般用优质灰铸铁制成，汽缸体上半部有一个或若干个为活塞在其中运动导向的圆柱形空腔，称为汽缸。下半部为支承曲轴的曲轴箱，其内腔为曲轴运动的空间，见图 3-8。

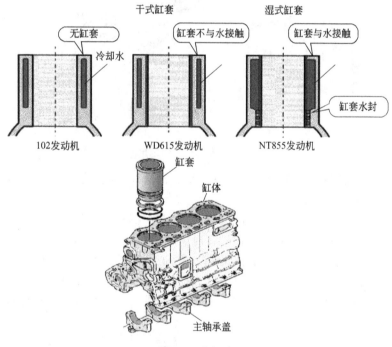

图 3-8 汽缸套

为了提高汽缸表面的耐磨性，广泛采用镶入缸体内的汽缸套，形成汽缸工作表面。汽缸套用合金铸铁或合金钢制造，延长其使用寿命。汽缸套有干式和湿式两种。干缸套不直接与冷却水接触，壁厚一般为1～3mm。湿缸套则与冷却水直接接触，壁厚一般为5～9mm，通常装有1～3道橡胶密封圈来封水，防止水套中的冷却水漏入曲轴箱内。

② 汽缸盖。汽缸盖的主要功用是封闭汽缸上部，并与活塞顶部和汽缸壁一起形成燃烧室。汽缸盖内部有冷却水套，用来冷却燃烧室等高温部分。汽缸盖上应有进、排气门座及气门导管孔和进、排气通道等。汽油机汽缸盖还设有火花塞座孔，而柴油机则设有安装喷油器的座孔。见图3-9。

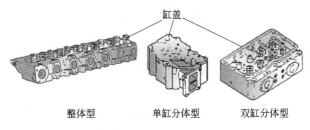

缸盖

整体型　　　　　单缸分体型　　　　双缸分体型

图3-9　汽缸盖

汽缸盖用螺栓紧固在汽缸体上。拧紧螺栓时，必须按由中央对称地向四周扩展的顺序分几次进行，以免损坏汽缸垫和发生漏水现象。

③ 汽缸衬垫。汽缸盖与汽缸体之间置有汽缸衬垫，以保证燃烧室的密封。一般用石棉中间夹金属丝或金属屑，外覆铜皮或钢皮制成。近年来，国内正在试验采用膨胀石墨作为衬垫的材料。

④ 油底壳。油底壳的主要功用是贮存机油并封闭曲轴箱。油底壳受力很小，一般采用薄钢板冲压而成。油底壳底部装有放油塞。有的放油塞是磁性的，能吸集机油中的金属屑，以减少发动机零件的磨损。

(2) 活塞连杆组

活塞连杆组由活塞、活塞环、活塞销、连杆等机件组成。见图3-10。

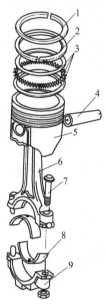

图 3-10　发动机活塞连杆组

1—第一道气环；2—第二道气环；3—组合油环；4—活塞销；

5—活塞；6—连杆；7—连杆螺栓；8—连杆轴瓦；9—连杆盖

① 活塞。活塞的主要功能是承受汽缸中气体压力所造成的作用力，并将此力通过活塞销传给连杆，以推动曲轴旋转。活塞顶部还与汽缸盖、汽缸壁共同组成燃烧室，见图 3-11。

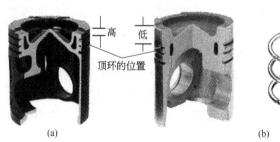

图 3-11　活塞与活塞环

目前广泛采用的活塞材料是铝合金。

活塞的基本构造可分顶部、头部和裙部三部分，见图 3-12。

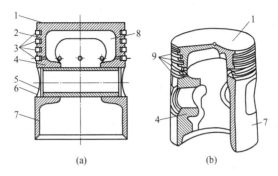

图 3-12　活塞结构剖视图

1—活塞顶；2—活塞头；3—活塞环；4—活塞销座；5—活塞销；

6—活塞销锁环；7—活塞裙；8—加强筋；9—环槽

活塞顶部多为平顶式和凹顶式。活塞头切有安装活塞环用的槽，汽油机一般有 2～3 道环槽，上面 1～2 道用于安装气环，下面一道用于安装油环。柴油机由于压缩比高，常设有 3 道气环，2 道油环。在油环槽的底部钻有许多径向小孔，以便将油环从汽缸壁上刮下来的多余机油，经这些小孔流回油底壳。活塞裙部用来引导活塞在汽缸内往复运行，并承受侧压力。活塞裙部上有活塞销孔，两头有安装活塞销用锁环环槽。

② 活塞环。活塞环分为气环和油环。气环的作用是保证活塞与汽缸壁间的密封，防止汽缸中的高温、高压燃气大量漏入曲轴箱，同时将活塞顶部的热量传导给汽缸壁，再由冷却水或空气带走。油环的作用是刮去汽缸壁上多余的机油，在汽缸壁上均匀地形成一层机油膜，既可以防止机油窜入汽缸燃烧，又可以减少活塞、活塞环与汽缸壁间的磨损。

为了保证汽缸有良好的密封性，安装活塞环时应注意第一道气环的内倒角应朝上，第二、三道气环的外倒角应朝下。为避免活塞环端口重叠，造成漏气，各活塞环开口在安装时应成十字互相错开，同时应避免在活塞销的方向上。

目前广泛应用的活塞环材料是合金铸铁。在高温、高压、高速以及润滑困难的条件下工作的活塞环是发动机所有零件中工作寿命最短的。当活塞环磨损到失效时，将出现发动机启动困难，功率不足，曲轴箱压力升高，通风系统严重冒烟，机油消耗增加，排气冒蓝烟，燃烧室、活塞表面严重积炭等不良状况。

③ 活塞销。活塞销的功能是连接活塞和连杆小头，将活塞承受的气体作用力传给连杆。活塞销一般用低碳钢或低碳合金钢制造。

活塞销与活塞销座孔和连杆小头衬套孔的连接配合，一般采用"全浮式"，即在发动机工作时，活塞在连杆小头衬套孔内和活塞销座孔内缓慢地转动，使活塞销各部分的磨损比较均匀。为了防止销的轴向窜动而刮伤汽缸壁，在活塞销座两端用卡环嵌在销座凹槽中加以轴向定位。

④ 连杆。连杆的功用是将活塞承受的力传给曲轴，从而使得活塞的往复运动转变为曲轴的旋转运动。连杆一般用中碳钢或合金钢经模锻或辊锻而成，见图3-13。

图 3-13　连杆

连杆由小头、杆身和大头三部分组成。连杆小头与活塞销相连，小头内装有青铜衬套，小头和衬套上钻孔或铣槽用来集油，以便润滑。杆身通常做成"工"字形断面。大头与曲轴的曲柄销相连，一般做成两个半圆件，被分开的半圆件叫做连杆盖，两部分用高强度精制螺栓紧固，装配时按规定转矩拧紧。连杆轴瓦上有油孔及油槽，安装时应将油孔对准连杆大头上的油眼，以使喷出的机油能甩向汽缸壁。

连杆大头的两个半圆件的切口可分为平切口和斜切口两种。汽油机连杆大头尺寸都小于汽缸直径，可采用平切口。柴油机的连杆由于受力较大，大头尺寸往往超过汽缸直径。为使连杆大头能通过汽缸，一般采用斜切口。

（3）曲轴飞轮组

曲轴飞轮组主要由曲轴和飞轮以及其他不同作用的零件和附件组成。

① 曲轴。曲轴的功用是把连杆传来的推力转变成旋转的扭力，经飞轮再传给传动装置，同时还带动凸轮轴、风扇、水泵、发电机等附件工作。为了保证可靠工作，曲轴具有足够的刚度和强度，各工作面要耐磨而且润滑良好。见图3-14。

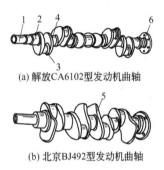

(a) 解放CA6102型发动机曲轴

(b) 北京BJ492型发动机曲轴

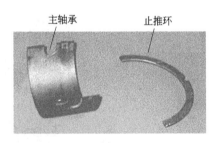

主轴承　　　　　止推环

图3-14　曲轴
1—前端轴；2—主轴颈；3—连杆轴颈（曲柄销）；
4—曲柄；5—平衡重；6—后端凸缘

曲轴的组成：

a. 主轴颈——用来支承曲轴，主轴颈用轴承（主轴瓦、俗称大瓦）安装在汽缸体的主轴承座上。

b. 连杆轴颈——又称曲柄销，与连杆大头相连。由一个连杆轴颈和它两端的曲柄以及前后两个主轴构成一个曲拐。

c. 平衡重——平衡重的功用是平衡由连杆轴颈、曲柄等回转零件所引起的离心力。

d. 前端轴——曲轴前端装有正时齿轮，驱动风扇和水泵的皮带盘、前油封和挡油圈以及启动爪等。

e. 后端凸缘——后端凸缘上安装飞轮。

多缸发动机各曲拐的布置，取决于汽缸数、汽缸排列形式和发动机的工作顺序（也叫发火次序）。在安排发动机的发火次序时，力求做功间隔均匀，各缸发火的间隔时间最好相等。对于四冲程发动机来说，发火间隔角为720°/缸数，即曲轴每转720°/缸数时，就应用一缸做功，以保证发动机运转平稳。

四冲程直列四缸发动机发火次序——发火间隔角为720°/4＝180°。其曲拐布置如图3-15所示，四个曲拐布置在同一平面内。发火次序有两种可能的排列法，即1—2—4—3或1—3—4—2，它们的工作循环见表3-1、表3-2。

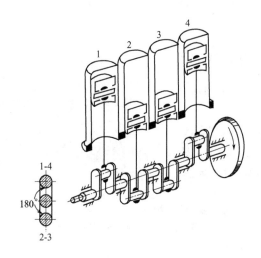

图3-15　直列四缸发动机的曲拐布置

四冲程直列六缸发动机的发火次序，因缸数为6，所以发火间隔角为720°/6＝120°，六个曲拐布置的三个平面内，各平面夹角为120°。通常的发火次序为1—5—3—6—2—4。

表3-1　四缸机工作循环（发火次序1—2—4—3）

曲轴转角	第一缸	第二缸	第三缸	第四缸
0°～180°	做功	压缩	排气	进气
180°～360°	排气	做功	进气	压缩
360°～540°	进气	排气	压缩	做功
540°～720°	压缩	进气	做功	排气

表 3-2 四缸机工作循环（发火次序 1—3—4—2）

曲轴转角	第一缸	第二缸	第三缸	第四缸
0°～180°	做功	排气	压缩	进气
180°～360°	排气	进气	做功	压缩
360°～540°	进气	压缩	排气	做功
540°～720°	压缩	做功	进气	排气

② 飞轮。飞轮是一个转动惯性很大的圆盘，主要功能是将做功行程中曲轴所得到的一部分能量贮存起来，用以克服进、排气和压缩三个辅助行程的阻力，使发动机运转平稳，并提高发动机短时期超负荷工作能力，使机动车容易起步。此外，飞轮还是离合器的组成部件。如图 3-16 所示。

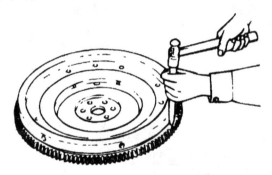

图 3-16　飞轮

飞轮多采用灰铸铁铸造。在飞轮的外圆上压装有启动齿圈，可与启动机的驱动齿轮啮合，供启动发动机用。飞轮上通常刻有第一缸发火正时的记号，以便校准发火时间。

3.2.2　配气机构

配气机构的功用是按照发动机每一汽缸内所进行的工作循环和发火次序的要求，定时开启和关闭各汽缸的进、排气门。使新鲜可燃混合气（汽油机）或空气（柴油机）得以及时进入汽缸，废气得以及时从汽缸排出。

（1）配气机构的布置形式

配气机构的布置形式分为气门顶置式和气门侧置式两种。

① 气门顶置式配气机构。气门顶置式配气机构应用最广泛，其进气门和排气门都安装在汽缸盖上。它由凸轮轴、挺柱、推杆、摇臂轴支座、摇臂、气门、气门导管、气门弹簧及气门锁片等机件组成。见图 3-17。

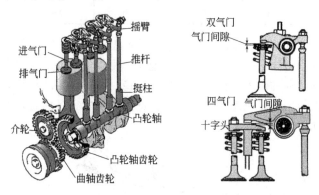

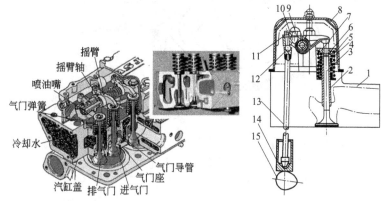

图 3-17　气门顶置式配气机构

1—汽缸盖；2—气门导管；3—气门；4—气门主弹簧；5—气门副弹簧；
6—气门弹簧座；7—锁片；8—气门室罩；9—摇臂轴；10—摇臂；11—锁紧螺母；
12—调整螺钉；13—推杆；14—挺柱；15—凸轮轴

发动机工作时，曲轴通过正时齿轮驱动凸轮轴旋转。当凸轮的凸起部分向上转动顶起挺柱时，通过推杆和调整螺钉使摇臂绕摇臂轴摆动，压缩气门弹簧，使气门离座，即气门开启。当凸轮的凸起部分离开挺柱后，气门便在气门弹簧力作用下上升落座，即气门关闭。

②气门侧置式配气机构。气门侧置式配气机构的进、排气门都布置在汽缸体的一侧。它是由凸轮轴、挺柱、挺柱座、气门、气门弹簧、气门导管、气门锁销等机件组成。其工作情况与顶置式相似。由于这种形式的配气机构使发动机的动力性和高速性较差，目前已趋于淘汰。

(2) 配气机构的主要机件

①气门组。气门组包括气门、气门座、气门导管及气门弹簧等零件。气门组应保证气门能够实现汽缸的密封。

a. 气门。气门分进气门和排气门两种。它由气门头和气门杆组成。

气门头的圆锥面用来与气门座的内锥面配合，以保证密封；气门杆与气门导管配合，为气门导向。进气门的材料采用普通合金钢（如铬钢或镍铬钢等），排气门则采用耐热合金钢（如硅锰钢或铬钢）。

气门头顶部的形状有平顶、球面顶和喇叭顶三种，目前使用最普遍的是平顶气门头。气门头的工作锥面锥角，称为气门锥角。一般汽油机采用进气门 $35°$，排气门 $45°$；柴油机的进、排气门均采用 $45°$。

气门杆呈圆柱形，它的尾端用凹槽和锁片或用眼孔和锁销来固定弹簧座。

b. 气门座。气门座是在汽缸盖上（气门顶置时）或汽缸体上（气门侧置时）直接镗出。它与气门头部共同对汽缸起密封作用。

c. 气门导管。气门导管的功用主要是起导向作用，保证气门做直线往复运动，使气门与气门座能正确贴合。气门杆与气门导管之间一般留有 $0.05\sim0.12$mm 间隙。

气门导管大多数用灰铸铁、球墨铸铁或铁基粉末冶金制成。

d. 气门弹簧。气门弹簧的功用是保证气门及时落座并紧紧贴合。因此，气门弹簧在安装时必须有足够的顶紧力。

气门弹簧多为圆柱形螺旋弹簧，其材料为高碳锰钢、铬钒钢等冷拔钢丝。

②气门传动组。气门传动组的功用是使进、排气门能按配气相位规定的时刻开、闭，且保证有足够的开度。它包括凸轮轴正时齿轮、挺柱及其导管，气门顶置式配气机构还有推杆摇臂和摇臂轴等。

a.凸轮轴。凸轮轴上有汽缸进、排气凸轮，用以使气门按一定的工作次序和配气相位及时开、闭，并保证气门有足够的升程，见图 3-18。

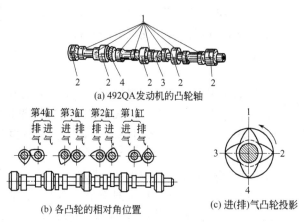

(a) 492QA发动机的凸轮轴

(b) 各凸轮的相对角位置

(c) 进(排)气凸轮投影

图 3-18　四缸四冲程汽油机凸轮轴

1—凸轮；2—凸轮轴轴颈；3—驱动汽油泵的偏心轮；4—驱动分电器等的螺旋齿轮

凸轮轴的材料一般用优质钢模锻制成，也可采用合金铸铁或球墨铸铁铸造制成。

发动机各汽缸的进气（或排气）凸轮的相对角位置应符合发动机各汽缸的发火次序和发火间隙时间的要求。因此，根据凸轮轴的旋转方向及各进气（或排气）凸轮的工作次序，就可以判定发动机的发火次序。

b.挺柱。挺柱的功用是将凸轮的推力传给推杆（顶置式）或气门杆（侧置式），并承受凸轮轴旋转时所施加的侧向力。

气门顶置式配气机构的挺柱制成筒形，以减轻重量；气门侧置式配气机构的挺柱上部装有调节螺钉，用来调节气门间隙。

c. 推杆。推杆的功用是将经过挺柱传来的推力传给摇臂。它是气门机构中最易弯曲的零件，要求有很高的刚度，推杆可以是实心的，也可以是空心的。

d. 摇臂。摇臂实际上是一个双臂杠杆，用来将推杆传来的力改变方向，作用到气门杆尾端以推开气门。

为了增大气门升程，通常将摇臂的两个力臂作成不等长度，长臂一端是推动气门的，端头的工作表面为圆弧形。短臂一端安装带有球头的调整螺钉，用以调节气门间隙。

e. 摇臂轴。摇臂轴是一空心管状轴，用支座安装在汽缸盖上。摇臂就套装在摇臂轴上，能在轴上作圆弧摆动。轴的内腔与支座油道相通，机油流向摇臂两端进行润滑。

f. 正时齿轮。凸轮轴通常由曲轴通过一对正时齿轮驱动。小齿轮安装在曲轴前端，称为曲轴正时齿轮。大齿轮安装在凸轮轴的前端，称为凸轮轴正时齿轮；曲轴旋转两周，凸轮轴旋转一周，如图 3-19 所示。

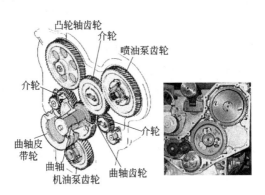

图 3-19　正时齿轮组

为保证正确的配气相位和着火时刻，在大、小齿轮上均刻有正时记号。在装配曲轴和凸轮轴时，必须按正时记号对准。

(3) 气门间隙

配气相位就是进、排气门的实际开闭时刻，通常用相对于上、下止点曲拐位置的曲轴转角来表示。

由于发动机的曲轴转速很高，活塞每一行程历时短达千分之几秒。为了使汽缸中充气较足，废气排除较净，要求尽量延长进、排气时间。所以，四冲程发动机气门开启和关闭终了时刻，并不正好在活塞的上、下止点，而是提前和延迟一些，以改善进、排气状况，从而提高发动机的动力性。

发动机工作时，气门将因温度升高而膨胀。如果气门及其传动件之间，在冷态时间隙过小或没有间隙，则在热态下气门及其传动件的膨胀势必引起气门关闭不严，造成发动机在压缩和做功行程中漏气，使功率下降，严重时不易启动，为了消除此现象，通常在发动机冷态装配时，在气门及其传动件中留有适当的间隙，以补偿气门受热后的膨胀量，这一间隙通常称为气门间隙。

气门间隙的大小一般由发动机制造厂根据试验确定。一般在冷态时，进气门的间隙为 0.25～0.3mm，排气门间隙为 0.3～0.35mm。

3.2.3　柴油机供给系

柴油机供给系由燃油供给、空气供给、可燃混合气形成及废气排出四套装置组成。

① 燃油供给装置由柴油箱、输油泵、低压油管、柴油滤清器、喷油泵、高压油管、喷油器和回油管组成。如图 3-20 所示。

② 空气供给装置由空气滤清器、进气管和汽缸盖内的进气道组成。

③ 可燃混合气形成装置即是燃烧室。

④ 废气排出装置由汽缸盖内的排气道、排气管和排气消声器组成。

(1) 柴油

柴油机使用的燃料是柴油。与汽油相比，它具有分子量大、蒸馏温度高、黏度大、自燃点低、便宜等特点。评价柴油质量的主要性能指标是发火性、蒸发性、黏度和凝点。

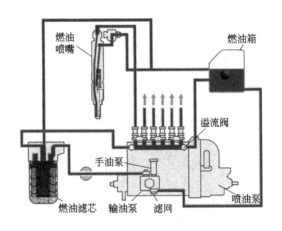

图 3-20 燃油供给系统和供给油路

发火性是指燃油的自燃能力。油的自燃点约为 300℃。柴油的发火性用十六烷值表示,十六烷值愈高,发火性愈好。

蒸发性是由燃油的蒸馏试验确定的。蒸发性愈好,愈有利于可燃混合气的形成和燃烧。

黏度决定燃油的流动性。黏度愈小,则流动性愈好,但容易泄漏,供油不足,功率下降。黏度过大,不易喷雾,混合气质量差,燃烧不完全。所以柴油的黏度应适当。

凝点表示柴油在低温时流动性的好坏。国产柴油以凝点的温度来命名牌号。如 10 号、0 号和-35 号轻柴油的凝点分别为 10℃、0℃和-35℃。

综上所述,柴油机应选用十六烷值较高、蒸发性较好、凝点和黏度合适、不含水分和机械杂质的柴油。

(2) 可燃混合气的形成与燃烧

柴油机的可燃混合气直接在燃烧室内形成,通常把柴油机的燃烧过程分为四个阶段。

第一阶段是备燃期。当压缩行程终了,活塞到达上止点前某一时刻,柴油开始喷入燃烧室,迅速与高温高压空气雾化、混合、升温和氧化,进行燃烧前的化学准备过程。

第二阶段是速燃期。此时活塞位于上止点附近，火焰从着火点处迅速向四周传播，汽缸压力很快升到最大值，推动活塞下行做功。

第三阶段是缓燃期。活塞在下行中一边燃烧，一边继续喷油，直到喷油停止，绝大部分柴油被烧掉，放出大量热量，燃烧温度可达 1973～2273K。

第四阶段是后燃期。在缓燃期中没有烧掉的柴油继续燃烧，但因做功行程接近结束，放出的热量大部分被废气带走。

可见柴油的燃烧过程贯穿整个做功行程的始终。

(3) 燃烧室

由于柴油机的可燃混合气形成和燃烧是在燃烧室进行的，故燃烧室结构形式直接影响可燃混合气的品质和燃烧状况。

柴油机燃烧室分成统一式燃烧室和分隔式燃烧室两大类。

① 统一式燃烧室是由凹形活塞顶与汽缸盖底面所包围的单一内腔，燃油自喷油器直接喷射到燃烧室中，故又称为喷射式燃烧室。用这种燃烧室时一般配用多孔喷油器。见图 3-21。

② 分隔式燃烧室由两部分组成，一部分是活塞顶与汽缸盖底面之间，称为主燃烧室；另一部分在汽缸盖中，称为副燃烧室。这两部分由一个或几个孔道相连。采用这种燃烧室时配用轴针式单孔喷油器。按其结构又可分为涡流室式燃烧室和预燃室式燃烧室两种。见图 3-22、图 3-23。

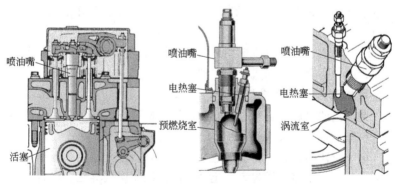

图 3-21　燃油直喷式　　图 3-22　预燃烧室式　　图 3-23　涡流室式

（4）喷油器

喷油器的功用是将柴油雾化成较细的颗粒，并把它们分布到燃烧室中。根据可燃混合气形成与燃烧的要求，喷油器应具有一定的喷射压力和射程，以及合适的喷注锥角。此外，喷油器在规定的停止喷油时刻应能迅速切断油的供给，不发生滴漏现象。目前，中小功率高速柴油机绝大多数采用闭式喷油器，其形式有两种：孔式喷油器和轴针式喷油器。喷油器结构见图 3-24。

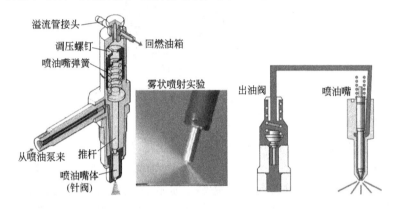

图 3-24　喷油器结构

国产柴油机多采用孔式喷油器，主要用于具有直接喷射燃烧室的柴油机。喷油孔的数目范围一般为 1～8 个，喷孔直径为 0.2～0.8mm。喷孔数和喷孔角度的选择由燃烧室的开关、大小和空气涡流情况而定。

（5）喷油泵

喷油泵的功用是定时、定量地向喷油器输送高压燃油。多缸柴油机的喷油泵应保证：

① 各缸的供油次序符合所要求的发动机发火次序。

② 各缸供油量均匀，不均匀度在标定工况下不大于 3%～4%。

③ 各缸供油提前角一致，相差不大于 0.5°曲轴转角。

④ 供油停止迅速，避免喷油器出现滴漏现象。

如图 3-25 所示喷油泵的结构形式很多，可分为三类：柱塞式喷油泵、喷油泵-喷油器和转子分配式喷油泵。柱塞式喷油泵性能良好，使用可靠，目前为大多数柴油机所采用。

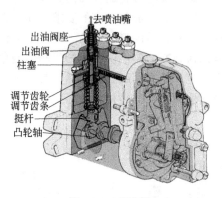

去喷油嘴
出油阀座
出油阀
柱塞
调节齿轮
调节齿条
挺杆
凸轮轴

图 3-25　喷油泵

（6）调速器

　　柴油机工作时的供油量主要取决于喷油泵的油门拉杆位置。此外，还受到发动机转速的影响。因为当发动机转速增高时，喷油泵柱塞的运动加快，柱塞套上油孔的阻流作用增强，柱塞上行到尚未完全封闭油孔时，柴油来不及从油孔挤出，致使泵腔内的油压及早升高，供油时刻略有提前。同样道理，当柱塞下行到其斜槽与油孔接通时，泵腔内油压一时又降不下来，使供油停止时刻略有延迟。这样，发动机转速升高，柱塞有效行程增长，供油量急剧增多，如此反复循环，导致发动机超速运转而发生"飞车"。反之，随着发动机转速的降低，供油量反而自动减少，最后使发动机熄火。为了适应柴油机负荷的变化，自动地调节喷油泵的供油量，保证柴油机在各种工况下稳定运转，这就是调速器的作用。见图 3-26。

　　柴油机多采用离心式调速器，即利用飞球离心力的作用来实现供油量的自动调节。离心式调速器分为两速调速器和全速调速器。保证柴油机怠速运转稳定和能限制最高转速的称为两速调速器。保证柴油机在全部转速范围内的任何转速下稳定工作的，称为全速调速器。

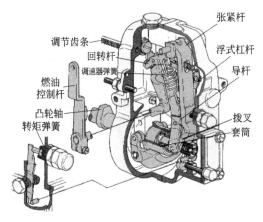

图 3-26　调速器

(7) 喷油提前角调节装置

喷油提前角的大小对柴油机工作过程影响很大。喷油提前角过大时，由于喷油时汽缸内空气温度较低，混合气形成条件较差，备燃期较长，将导致发动机工作粗暴，严重时会引起活塞敲缸；喷油提前角过小时，将使燃烧过程延迟过多，所能达到的最高压力降低，热效率也明显下降，且排气管中常冒白烟。因此为保证发动机有良好的性能，必须选定最佳喷油提前角。

最佳喷油提前角即是在转速和供油量一定的条件下，能获得最大功率及最小燃油消耗率的喷油提前角。应当指出，对任何一台柴油机而言，最佳喷油提前角都不是常数，而是随供油量和曲轴转速变化的。供油量愈大，转速愈高，则最佳喷油提前角也愈大。此外，它还与发动机的结构有关，如采用直接喷射燃烧室时，最佳喷射提前角就比采用分隔式燃烧室时要大些。喷油量调节如图 3-27所示。

喷油提前角实际上是由喷油泵供油提前角保证的。而调节整个喷油泵供油提前角的方法是改变发动机曲轴与喷油泵凸轮轴的相对角位置。近年来国内外车用柴油机常装用机械离心式供油提前角自动调节器，以适应转速的变化而自动改变喷油提前角。

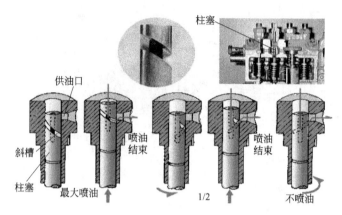

图 3-27　喷油量调节

（8）柴油机供给系的辅助装置

　　① 柴油在运输和贮存过程中，不可避免地会混入尘土、水分和机械杂质。柴油中水分会引起零件锈蚀，杂质会导致供油系精密偶件卡死。为保证喷油泵和喷油器工作可靠并延长其使用寿命，除使用前将柴油严格沉淀过滤外，在柴油机供油系统工作过程中，还采用柴油滤清器，以便仔细清除柴油中的杂质和水分。见图 3-28、图 3-29。

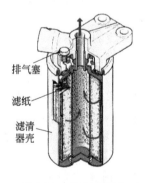

图 3-28　柴油滤清器

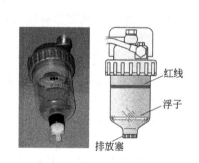

图 3-29　沉淀过滤器

　　目前常用的滤清器是单级微孔纸芯滤清器。因其滤清效率高、使用寿命长、抗水能力强、体积小、成本低等优点，在柴油滤清器中获得广泛应用。

② 输油泵。输油泵的功能是以一定的压力将足够数量的燃油从油箱输送到喷油泵。见图 3-30。

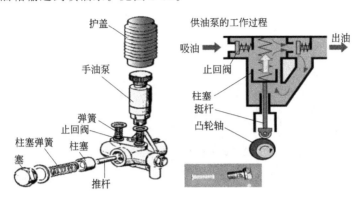

图 3-30　输油泵

活塞式输油泵由于工作可靠，目前应用广泛。它安装在喷油泵壳体的外侧，依靠喷油泵凸轮轴上的偏心轮来驱动。在输油泵上还装有手油泵，其作用是在柴油机启动前，用来排除渗入低压油路中的空气，利于启动。

③ 进气系统。

a. 进气系统的功用是：向发动机提供清洁、干燥、温度适当的空气进行燃烧以最大限度地降低发动机磨损并保持最佳的发动机性能。在用户接受的合理保养间隔内有效地过滤灰尘并保持进气阻力在规定的限值内。

b. 进气系统结构原理：起重机底盘匹配的发动机进气系统结构原理如图 3-31 所示。发动机沿进气流向各部分气体状态大体可描述为常温、增压中冷（增压、中间冷却）状态。

•空气滤清器结构原理。空气滤清器的功用主要是滤除空气中的杂质或灰尘，让洁净的空气进入汽缸。另外，空气滤清器也有削减进气噪声的作用。大量空气进入汽缸，若不将其中的杂质或灰尘滤除，必然加速汽缸的磨损，缩短发动机使用寿命。实践证明，发动机不安装空气滤清器，其寿命将缩短 2/3，另外，灰尘还能堵塞喷油器孔使其不能正常工作。

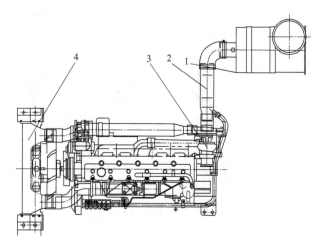

图 3-31　进气系统

1—空气滤清器；2—管路；3—增压器；4—中冷器

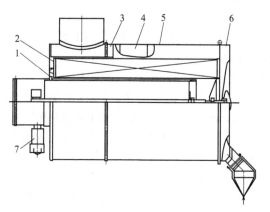

图 3-32　空气滤清器

1—内滤芯（安全滤芯）；2—外滤芯；3—叶片环；4—标牌；5—外壳总成；

6—后盖分总成；7—保养指示器

•空气滤清器的结构。滤清器使用微孔滤纸制成的滤芯，其结构如图 3-32 所示。由经过树脂处理的微孔滤纸制成的滤芯（内滤芯 1、外滤芯 2）安装在滤清器壳 5 中。滤芯的前、后表面是密封面。当拧紧螺母时把安全滤芯 1 紧固在滤清器壳内，外滤芯 2 套在内滤芯 1 外面,由蝶形螺母拧紧。滤芯与滤清器壳前端面处密封。把滤清器盖 6 紧固在滤清器上时,滤清器盖 6 与滤清器外壳底部的后密封面配合面贴紧密封。滤纸打褶,以增加滤芯的过滤面积和减小滤芯阻力。滤芯外面是多孔金属网,用来保护滤芯在运输和保管过程中不使滤纸破损。在滤芯的上、下端浇上耐热塑料溶胶,以固定滤纸金属网和密封面间的相对位置,并保持其间的密封。

在发动机工作时,空气从进气口进入滤芯的四周穿过滤纸进入滤芯中心,随后通过中心螺杆处空隙流入出气管。杂质被滤芯阻留在滤芯外面,起到过滤作用。经过滤清后的气体是常温气体。

•增压升温部分经过滤清的常温、常压气体流入涡轮增压器进行增压。增压是发动机提高功率最有效的方法,可明显改善高负荷区运行的经济性,特别是增压中冷方式可明显减少废气排放物,对欧Ⅱ以上排放要求的发动机,一般使用增压技术。在各种增压技术中,废气涡轮增压技术最成熟,效率高,应用最广。

进入涡轮增压器的空气被压缩并升温。

④ 排气系统。把汽缸内燃烧废气导出的零部件集合体称为柴油机排气系统。

a. 发动机燃烧后排出高温、有害气体并产生很大的噪声。发动机排气系统(本处不包括发动机的排气歧管)的功用是:

•将发动机产生的排气噪声降低到法规的要求。

•将燃烧后排出的有害气体(可吸入微粒物、CO、CO_2、NO_x 等),排到远离操作间进气口的地方。

•使排气远离发动机进气口和冷却、通风系统以降低发动机工作温度并保证其性能。

b. 柴油机排气系统组成如图 3-33 所示,主要由排气管路及支架、消声器、排气尾管组成。

⑤ 进排气系统部件。涡轮增压器——利用汽缸排出的废气作动力,将高密度的空气送往汽缸,见图 3-34。

3.2.4 发动机润滑系

发动机的润滑是由润滑系来实现的。润滑系的基本任务就是将机油不断地供给各零件摩擦表面,减少零件的摩擦和磨损。

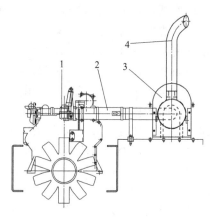

图 3-33　排气系统

1—发动机排气口；2—发动机排气管；3—消声器；4—排气尾管

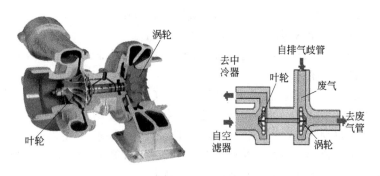

图 3-34　涡轮增压器

（1）润滑剂

发动机润滑系所用的润滑剂有机油和润滑脂两种。机油品位应根据季节气温的变化来选择。因为机油的黏度是随温度变化而变化的。温度高则黏度小，温度低则黏度大。因此夏季要用黏度较大的机油，否则将因机油过稀而不能使发动机得到可靠的润滑。冬季气温低要用黏度较小的机油，否则因机油黏度过大，流动性差而不能在零件摩擦表面形成油膜。

国产机油按黏度大小编号，号数大黏度大。汽油机用的机油分为 6D、6、10 和 15 号四类。其中，冬季使用 6 号和 10 号，夏季使用 10 号或 15 号；6D 是低凝固点机油，适用于我国北方严寒地区。柴油机用机油分为 8、11、14 三类。其中冬季使用 8 号，夏季使用 14 号，装巴氏合金轴承的柴油机可全年使用 11 号。

发动机所用润滑脂，常用的有钙基润滑脂、铝基润滑脂、钙钠基润滑脂及合成钙基润滑脂等。选用时也要考虑冬、夏季不同气温的工作条件和特点。

(2) 润滑系统的组成

发动机的润滑油是通过机油泵产生一定压力后，经过油道输送到各摩擦表面上进行润滑的，这种润滑方式叫做压力润滑，如主轴瓦、凸轮轴瓦、气门摇臂等。利用曲柄连杆运动时将润滑油飞溅或喷溅起来的油滴和油雾润滑没有油道的零件表面，这种润滑方式叫做飞溅润滑，如连杆小头与活塞销、活塞与汽缸壁的润滑等。所以，发动机的润滑又叫复合式润滑。

润滑系由集滤器、机油泵、机油滤清器、限压阀等组成。柴油机润滑系循环示意图如图 3-35 所示。

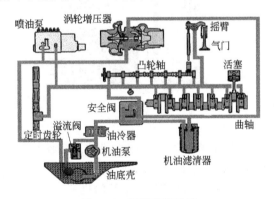

图 3-35　润滑系统油路

① 机油泵的作用是将机油提高到一定压力后，强制地压送到发动机各零件的运动表面。齿轮油泵因其工作可靠、结构简单得到广泛的应用。

② 机油滤清器的作用是在机油进入各摩擦表面之前，将机油

中所夹带的杂质清除掉。为使机油滤清效果良好，而又不使机油阻力增大，所以在发动机润滑系中采用了多级滤清，即由集滤器→粗滤器→细滤器。见图3-36、图3-37。

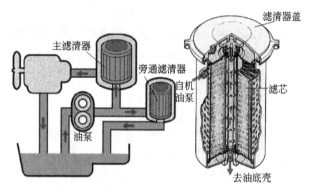

图 3-36　粗滤器

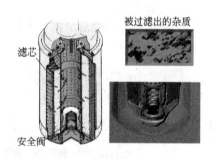

图 3-37　细滤器

③ 限压阀的作用是使润滑系统内机油压力保持在一个适当的数值上稳定地工作。机油压力过高或过低都将给发动机的工作带来危害。油压过高，将使汽缸壁与活塞间的机油过多，容易窜入燃烧室形成大量积炭；油压过低，机油不易进入各摩擦表面，从而加速机件的磨损。见图3-38。

机油冷却器——降低油温，防止机油高温裂化，见图3-39。

活塞冷却喷嘴——喷出机油冷却活塞，防止活塞烧结，见图3-40。

旁通滤清器——使机油得到充分过滤，降低机油污染程度。

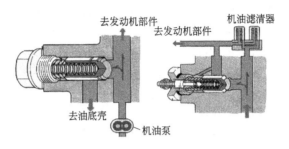

图 3-38　溢流阀、安全阀

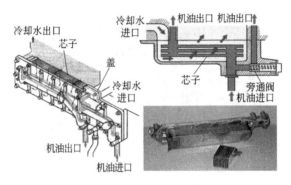

图 3-39　机油冷却器

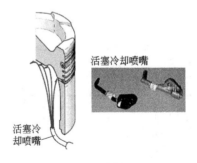

图 3-40　活塞冷却喷嘴

3.2.5　冷却系统

　　根据冷却介质的不同，冷却系分为风冷系和水冷系。发动机中使高温零件的热量直接散入大气而进行冷却的一系列装置称为风冷系；使热量先传导给水，然后再散入大气而进行冷却的一系列装置则称为水冷系。目前车用发动机上广泛采用的是水冷系。采用水冷系时，应使汽缸盖内的冷却水温度在80～90℃。

水冷系分为自然循环式水冷系和强制循环式水冷系。前者利用水的自然对流实现循环冷却，因冷却强度小，只有少数小排量的发动机在使用。后者是用水泵强制地使水（或冷却液）在冷却系中进行循环流动，因其冷却强度大，得到广泛使用。如图3-41、图3-42所示。

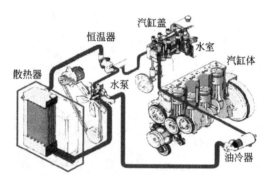

图3-41　水冷系

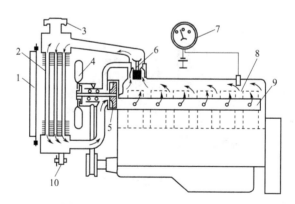

图3-42　发动机强制循环式水冷系

1—百叶窗；2—散热器；3—散热器盖；4—风扇；5—水泵；6—节温器；

7—水温表；8—水套；9—分水管；10—放水阀

发动机的水冷系由百叶窗、风扇、水泵、分水管、节温器、水温表等组成。

① 散热器。散热器又叫水箱，其功用是将冷却水中的热量散发到大气中。散热器包括上水室、散热管、散热片、下水室、水箱盖、放水开关等。见图 3-43。

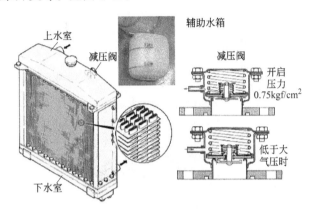

图 3-43　散热器

② 水泵。水泵的功用是对冷却水加压，使其在冷却系中加速流动循环。目前，离心式水泵被广泛采用。见图 3-44。

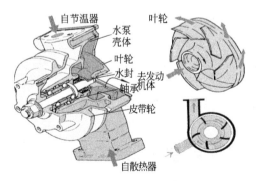

图 3-44　涡轮增压器

③ 节温器。发动机冷却水的温度过高或过低都会给发动机的工作带来危害。节温器的功用是保证发动机始终保持在适当的温度

下工作，并能自动地调节冷却强度。目前，广泛采用折叠式双阀门节温器，安装在汽缸盖的出水管口。见图3-45。

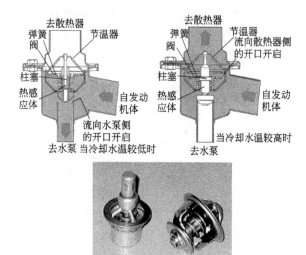

图 3-45　节温器

④ 防冻液。防冻液的作用是在冬季防止冷却水冻结而使汽缸体和汽缸盖被冻裂。可在冷却水中加进适量的乙二醇或酒精，配成防冻液。

使用防冻液时必须注意以下事项。

a. 乙二醇有毒，在配制或添加时，应注意不要吸入人体内。

b. 防冻液的热膨胀系数大于水，故在加入时，不要加满，防止工作时溢出。

c. 发现数量不足时，可加水调节数量和浓度。一般可使用 3 年左右。

3.3　柴油机电控喷油系统概述

柴油发动机电控燃油喷射系统是在机械控制喷油系统的基础上发展而来，相比之下具有很多优点：改善发动机燃油经济性；改善发动机冷启动性能；改进发动机调速控制能力；减少发动机尾气污染物；降低发动机的排气烟度；具有发动机自保护功能；具有发动机自诊断功能；减少发动机的维护工作量；可通过程序对发动机功率进行重新设定。

3.3.1　柴油发动机电控系统的组成

电控柴油机喷射系统主要由传感器、开关、ECU（计算机）和执行器等部分组成，如图3-46所示。其任务是对喷油系统进行电子控制，实现对喷油量以及喷油定时和随运行工况的实时控制。电控系统采用转速、温度、压力等传感器，将实时检测的参数同步输入 ECU 并与 ECU 已储存的参数值进行比较，经过处理计算，按照最佳值对喷油泵、废气再循环阀、预热塞等执行机构进行控制，驱动喷油系统，使柴油机运作状态达到最佳。

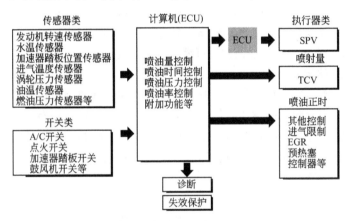

图 3-46　柴油发动机电控系统的组成和原理

3.3.2　柴油发动机电控系统的控制原理

（1）喷油量控制

柴油机在运行时的喷油量是根据两个基本信号来确定的，分别是加速踏板位置和柴油机转速。喷油泵调节齿杆位置则是由喷油量整定值、柴油机转速和具有三维坐标模型的预先存储在控制器内的喷油泵速度特性所确定。在运行中，系统一直校验和校正调节齿杆的实际位置和设定值之间的差异，以获得正确的喷油量，提高发动机的功率。

(2) 喷油定时控制

喷油定时是根据柴油机的负荷和转速两个信号确定，并根据冷却水的温度进行校正。

控制器把喷油定时的设定值与实际值加以比较，然后输出控制信号使定时控制阀动作，以确定通至定时器的油量；油压的变化又使定时器的活塞移动，喷油定时就被调整到设定值。当发生故障时，定时器使喷油定时处在最滞后的位置。

(3) 怠速控制

怠速有两种控制方式，分别是手动控制和自动控制。借助于选择开关可选定怠速控制方式。

选定手动控制时，转速由怠速控制旋钮来调整。选择自动控制时，随着冷却液温度逐渐升高，转速从暖车前的 800r/min 降至暖车后的 400r/min。这种方法可缩短车辆在冬季的暖车时间。

(4) 巡航控制

车辆的巡航控制是由车速、柴油机转速、加速踏板位置、巡航开关传感器和电子调速器控制器来实现。一个快速、精密的电子调速器执行器，根据控制器的指令自动进行巡航控制，使发动机始终处于最佳工作状态。在原有的电子调速器基础上，只需增加几个开关和软件就可实现这项功能。

(5) 柴油消耗量指示器

指示器接收柴油机转速信号和喷油泵调节齿杆位置信号。在工作过程中，柴油消耗状态由安装在仪表板上的绿、黄、红三色发光二极管显示出来，以作为经济行驶的指示。负荷信号由调节齿杆位置信号提供，而不是由加速踏板位置信号提供。所以，即使在巡航控制状态下行驶时，该指示器也能精确地指示油耗量。

3.3.3 电控共轨燃油喷射系统

为了满足未来更为严格的排放法规，进一步改善发动机的燃油经济性，各个柴油发动机制造商都加大了对柴油发动机控制技术的开发和改进。1995 年末，日本电装公司将 ECD-U2 型电控高压燃油共轨成功地应用于柴油机上，并开始批量生产，从此开始了柴油电控共轨燃油喷射系统的新时代。

电控共轨燃油喷射系统是高压柴油喷射系统的一种，它是第三代柴油发动机电控喷射技术，摒弃了直列泵系统，取而代之的是一个供油泵建立一定油压后将柴油送至各缸共用的高压油管（即共轨）内，再由共轨把柴油送入各缸的喷油器。

电控共轨燃油喷射系统喷油压力与喷油量无关，也不受发动机转速和负荷的影响，能根据要求任意改变压力水平，可大大降低NO和颗粒物的排放。

（1）电控共轨燃油喷射系统的特点

与传统喷射系统相比，电控共轨燃油喷射系统的主要特点有：

① 自由调节喷油压力（共轨压力）。利用共轨压力传感器测量共轨内的燃油压力，从而调整供油泵的供油量、控制共轨压力。此外，还可以根据发动机转速、喷油量的大小与设定了的最佳值（指令值）始终一致地进行反馈控制。

② 自由调节喷油量。以发动机的转速及油门开度信息等为基础，由计算机计算出最佳喷油量，通过控制喷油器电磁阀的通电、断电时刻直接控制喷油参数。

③ 自由调节喷油形式。根据发动机用途，设置并控制喷油形式：预喷射、后喷射、多段喷射等。

④ 自由调节喷油时间。根据发动机的转速和负荷等参数计算出最佳喷油时间，并控制电控喷油器在适当的时刻开启、在适当的时刻关闭等，从而准确控制喷油时间。

（2）电控共轨燃油喷射系统

为了方便，这里以博世公司的CRFS系统为例来介绍电控共轨燃油系统为例的结构与工作原理。博世CRFS系统主要由燃油箱、滤清器、低压输油泵、高压油泵、溢流阀、压力传感器、高压蓄能器（燃油轨）、喷油器、ECU等组成，如图3-47所示。

电控共轨系统是通过各种传感器和开关检测出发动机的实际运行状态，通过计算机计算和处理后，对喷油量、喷油时间、喷油压力和喷油率等进行最佳控制。

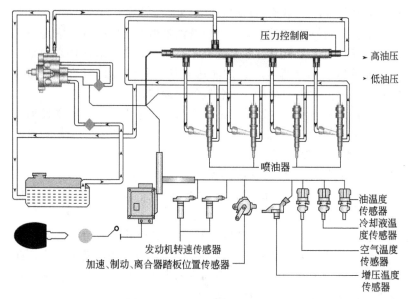

图 3-47　电控共轨燃油喷射系统

　　在电控共轨燃油喷射系统中的主要部件有：发动机 ECU、预热控制单元、高压油泵、高压蓄能器（燃油轨）、压力控制阀、燃油轨压力传感器和喷油器。

　　① 发动机 ECU。各种传感器和开关检测出发动机的实际运行状态，通过发动机 ECU 计算和处理后，对喷油量、喷油时间、喷油压力和喷油率等进行最佳控制。

　　发动机 ECU（见图 3-48）按照预先设计的程序计算各种传感器送来的信息，经过处理以后，把各个参数限制在允许的电压电平上，再发送给各相关的执行机构，执行各种预定的控制功能。

　　微处理器根据输入数据和存储在 RAM 中的数据，计算喷油时间、喷油量、喷油率和喷油定时等，并将这些参数转换为与发动机运行匹配的随时间变化的电量。由于发动机的工作是高速变化的，而且要求计算精度高，处理速度快，因此 ECU 的性能应当随发动机技术的发展而发展，微处理器的内存越来越大，信息处理能力越来越高。

图 3-48　博世公司发动机 ECU

发动机 ECU 主要功能：

喷油方式控制——多次喷射（现用的为主喷射和预喷射两次）。

喷油量控制——预喷射量自学习控制、减速断油控制。

喷油正时控制——主喷正时、预喷正时、正时补偿。

轨压控制——正常和快速轨压控制、轨压建立、喷油器泄压控制、轨压 Limp home 控制。

转矩控制——瞬态转矩、加速转矩、低速转矩补偿、最大转矩控制、瞬态冒烟控制、增压器保护控制。

其他控制——过热保护、各缸平衡控制、EGR 控制、VGT 控制、辅助启动控制（电机和预热塞）、系统状态管理、电源管理、故障诊断。

② 预热控制单元（GCU）。预热控制单元（GCU）用于确保有效的冷启动并缩短暖机时间，这一点与废气排放有着十分密切的关系。预热时间是发动机冷却液温度的一个函数。在发动机启动或实际运转时电热塞的通电时间由其他一系列的参数（如喷油量和发动机的转速等）确定。

新的电热塞因其能快速达到点火所需的温度（4s 内达 850℃），以及较低的恒定温度而性能超群，电热塞的温度因此而限定在一个临界值之内。因此，在发动机启动后，电热塞仍能保持继续通电 3min，这种后燃性改善了启动和暖机阶段的噪声和废气排放。

成功启动之后的后加热可确保暖机过程的稳定，减少排烟，减少冷启动运行时的燃烧噪声。如果启动未成功,则电热塞的保护线路断开,防止蓄电池过度放电。

③ 高压油泵。高压油泵的主要作用是将低压燃油加压成高压燃油,储存在共轨内,等待 ECU 的指令。供油压力可以通过压力限制器进行设定。所以,在共轨系统中可以自由地控制喷油压力。

博世公司电控共轨系统中采用的高压油泵如图 3-49 所示。

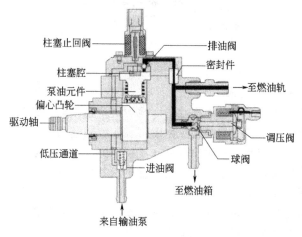

图 3-49　高压油泵结构

高压油泵连接低压油路和高压油路,它的作用是在车辆所有工作范围和整个使用寿命期间准备足够的、已被压缩了的燃油。除了供给高压燃油之外,它的作用还在于保证在快速启动过程和共轨中压力迅速上升所需要的燃油储备、持续产生高压燃油存储器(共轨)所需的系统压力。

工作原理:高压油泵产生的高压燃油被直接送到燃油蓄能器或油轨中,高压油泵由发动机通过联轴器、齿轮、链条、齿形皮带中的一种驱动且以发动机转速的一半转动,如图 3-50 所示。在高压油泵总成中有三个泵油柱塞,泵油柱塞由驱动轴上的凸轮驱动进行往复运动,每个泵油柱塞都有弹簧对其施加作用力,以免泵油柱塞发生冲击振动,并使泵油柱塞始终与驱动轴上的凸轮接触。当泵油柱塞向下运动时,即通常所称的吸油行程,进油单向阀将会开启,允许低压燃油进入泵油腔，在泵油柱塞到达下止点时，进油阀将会关闭，泵油腔内的燃油在向上运动的泵油柱塞作用下被加压后泵送到蓄能油轨中，高压燃油被存储在蓄能油轨中等待喷射。

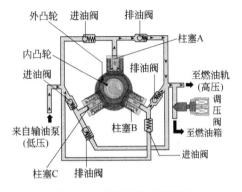

图 3-50　高压油泵工作原理

④ 高压蓄能器（燃油轨）。燃油轨是将供油泵提供的高压燃油经稳压、滤波后，分配到各喷油器中，起蓄压器的作用。它的容积应削减高压油泵的供油压力波动和每个喷油器由喷油过程引起的压力振荡，使高压油轨中的压力波动控制在 5MPa 之下。但其容积又不能太大，以保证燃油轨有足够的压力响应速度以快速跟踪柴油机工况的变化。在燃油轨（图 3-51）上还装配有燃油压力传感器、泄压阀、限压阀等。

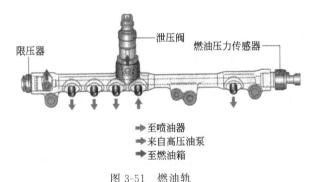

图 3-51　燃油轨

a. 燃油压力传感器。燃油压力传感器以足够的精度，在相应较短的时间内，测定共轨中的实时压力，并向 ECU 提供电信号。燃油压力传感器如图 3-52 所示。

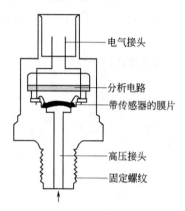

图 3-52　共轨压力传感器

　　燃油经一个小孔流向共轨压力传感器，传感器的膜片将孔的末端封住。高压燃油经压力室的小孔流向膜片。膜片上装有半导体型敏感元件，可将压力转换为电信号。通过连接导线将产生的电信号传送到一个向 ECU 提供测量信号的求值电路。

　　工作原理：当膜片形状改变时，膜片上涂层的电阻发生变化。这样，由系统压力引起膜片形状变化（150MPa 时变化量约 1mm），促使电阻值改变，并在用 5V 供电的电阻电桥中产生电压变化。电压在 0～70mV 之间变化（具体数值由压力而定），经求值电路放大到 0.5～4.5V。精确测量共轨中的压力是电控共轨系统正常工作的必要条件。为此，压力传感器在测量压力时允许偏差很小。在主要工作范围内，测量精度约为最大值的 2%。共轨压力传感器失效时，具有应急行驶功能的调压阀以固定的预定值进行控制。

　　b. 燃油轨调节阀。调压阀的作用是根据发动机的负荷状况调整和保持共轨中的压力。当共轨压力过高时，调压阀打开，一部分燃油经集油管流回油箱；当共轨压力过低时，调压阀关闭，高压端对低压端密封。

博世公司电控共轨系统中的调压阀（图 3-53）有一个固定凸缘，通过该凸缘将其固定在供油泵或者共轨上。电枢将一钢球压入密封座，使高压端对低压端密封。为此，一方面弹簧将电枢往下压，另一方面电磁铁对电枢作用一个力。为进行润滑和散热，整个电枢周围有燃油流过。

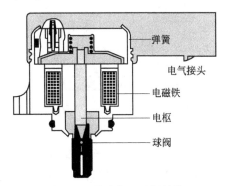

图 3-53　燃油轨调压阀结构

调压阀有两个调节回路：一个是低速电子调节回路，用于调整共轨中可变化的平均压力值；另一个是高速机械液压式调节回路，用以补偿高频压力波动。

工作原理：

• 调压阀不工作时：共轨或供油泵出口处的压力高于调压阀进口处的压力。由于无电流的电磁铁不产生作用力，当燃油压力大于弹簧力时，调压阀打开，根据输油量的不同，保持打开程度大一些或小一些，弹簧的设计负荷约 10MPa。

• 调压阀工作时：如果要提升高压回路中的压力，除了弹簧力之外，还需要再建立一个磁力。控制调压阀，直至磁力和弹簧力与高压压力之间达到平衡时才被关闭。然后调压阀停留在某个开启位置，保持压力不变。当供油泵改变，燃油经喷油器从高压部分流出时，通过不同的开度予以补偿。电磁铁的作用力与控制电流成正比。控制电流的变化通过脉宽调制来实现。调制频率为 1kHz 时，可以避免电枢的干扰运动和共轨中的压力波动。

c. 限压阀。限压阀是控制燃油轨中的压力，防止燃油压力过大，相当于安全阀，当共轨中燃油压力过高时，打开放油孔泄压。

丰田公司电控共轨系统中的限压阀（图3-54），主要由球阀、阀座、压力弹簧及回油孔等组成。

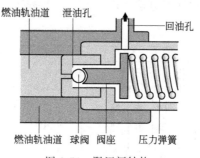

图 3-54　限压阀结构

当燃油轨油道内的油压大于压力弹簧的压力时，燃油推开球阀，柴油通过泄压孔和回油油路流回燃油箱中。当燃油轨油道内的油压不超过压力弹簧的弹力时，球阀始终关闭泄压孔，以保持油道内的油压的稳定。

⑤ 电控喷油器。电控喷油器是共轨系统中最关键和最复杂的部件，也是设计、工艺难度最大的部件。ECU 通过控制电磁阀的开启和关闭，将高压油轨中的燃油以最佳的喷油定时、喷油量和喷油率喷入燃烧室。

为了实现有效的喷油始点和精确的喷油量，共轨系统采用了带有液压伺服系统和电子控制元件（电磁阀）的专用喷油器。博世电控喷油器的代表性结构如图 3-55(a) 所示。

喷油器可分为几个功能组件：孔式喷油器、液压伺服系统和电磁阀等。

工作原理：燃油从高压接头经进油通道送往喷油嘴，经进油节流孔送入控制室。控制室通过由电磁阀打开的回油节流孔与回油孔连接。

回油节流孔在关闭状态时，作用在控制活塞上的液压力大于作用在喷油嘴针阀承压面上的力，因此喷油嘴针阀被压在座面上，从而没有燃油进入燃烧室。

电磁阀动作时，打开回油节流孔，控制室内的压力下降，当作用在控制活塞上的液压力低于作用在喷油嘴针阀承压面上的作用力时，喷油嘴针阀立即开启，燃油通过喷油孔喷入燃烧室，如图 3-55(b) 所示。由于电磁阀不能直接产生迅速关闭针阀所需的力，因此，经过一个液力放大系统实现针阀的这种间接控制。在这个过程中，除喷入燃烧室的燃油量之外，还有附加的所谓控制油量经控制室的节流孔进入回油通道。

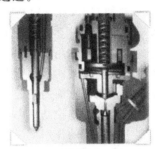

(a) 喷油器实物剖面图

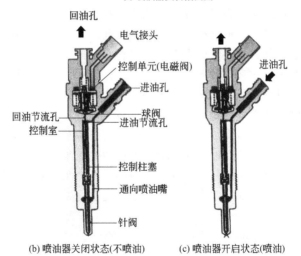

(b) 喷油器关闭状态(不喷油)　　　(c) 喷油器开启状态(喷油)

图 3-55　Bosch 共轨式喷油器

在发动机和供油泵工作时，喷油器可分为喷油器关闭、喷油器打开（喷油开始）、喷油器关闭（喷油结束）三个工作状态。

a. 喷油器关闭。电磁阀在静止状态不受控制，因此是关闭的，如图 3-55(b) 所示。

回油节流孔关闭时，电枢的钢球受到阀弹簧弹力压在回油节流孔的座面上。控制室内建立共轨的高压，同样的压力也存在于喷油嘴的内腔容积中。共轨压力在控制柱塞端面上施加的力及喷油器调压弹簧的力大于作用在针阀承压面上的液压力，针阀处于关闭状态。

b. 喷油器打开（喷油开始）。喷油器一般处于关闭状态。当电磁阀通电后，在吸动电流的作用下迅速开启，如图 3-55(c) 所示。当电磁铁的作用力大于弹簧的作用力时回油节流孔开启，在极短时间内，升高的吸动电流成为较小的电磁阀保持电流。随着回油节流孔的打开，燃油从控制室流入上面的空腔，并经回油通道回流到油箱。控制室内的压力下降，于是控制室内的压力小于喷油嘴内腔容积中的压力。控制室中减小了的作用力引起作用在控制柱塞上的作用力减小，从而针阀开启，开始喷油。

针阀开启速度决定于进、回油节流孔之间的流量差。控制柱塞达到上限位置，并定位在进、回油节流孔之间。此时，喷油嘴完全打开，燃油以近于共轨压力喷入燃烧室。

c. 喷油器关闭（喷油结束）。如果不控制电磁阀，则电枢在弹簧力的作用下向下压，钢球关闭回油节流孔。

电枢设计成两部分组合式，电枢板经一拔杆向下引动，但它可用复位弹簧向下回弹，从而没有向下的力作用在电枢和钢球上。

回油节流孔关闭，进油节流孔的进油使控制室中建立起与共轨中相同的压力。这种升高了的压力使作用在控制柱塞上端的压力增加。这个来自控制室的作用力和弹簧力超过了针阀下方的液压力，于是针阀关闭。

针阀关闭速度决定于进油节流孔的流量。

第**4**章

汽车吊底盘结构与原理

汽车底盘部分有 4 大系统，即传动系、转向系、制动系和行驶系，如图 4-1 所示。

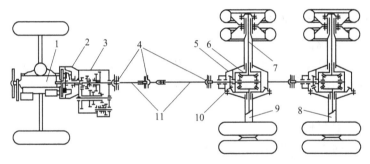

图 4-1　汽车底盘基本构造

1—发动机；2—离合器；3—变速箱；4—万向节；5—后桥壳；6—差速器；

7—半轴；8—后桥；9—中桥；10—主减速器；11—传动轴

4.1　汽车吊传动系（含液压支腿系统）

4.1.1　传动系概述

(1) 传动系功用

汽车传动系是将汽车发动机的动力平稳可靠地传递给驱动车轮，并改变汽车行驶速度和驱动力。

(2) 传动系的组成

机械传动系包括离合器、变速箱、传动轴和万向节组成万向传动装置，以及安装在驱动桥壳中的主减速器、差速器和半轴等。

（3）传动系布置形式

传动系的结构布置形式取决于汽车的类型、使用条件及要求、总体结构及与其他总成的匹配、发动机与传动系的结构形式以及生产条件等。

汽车的驱动形式通常用汽车车轮总数×驱动车轮数（车轮数系指轮毂数）来表示。

根据车轮总数不同，常见的驱动形式有 $4×2$、$4×4$、$6×4$、$8×4$、$6×6$。

如三一汽车吊 17t、26t 汽车起重机底盘采用 $6×4$、52t 底盘采用 $8×4$ 驱动形式。

4.1.2 离合器的功能与组成

（1）离合器的功能

离合器保证在发动机的曲轴与传动装置间根据汽车行驶的需要传递或切断发动机动力输出，使汽车平稳起步；便于换挡和防止传动系过载。

（2）离合器的组成

不同类型的摩擦式离合器种类虽多，但其组成和工作原理基本

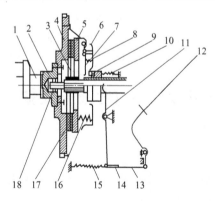

图 4-2　摩擦式离合器构造

1—曲轴；2—轴承；3—从动轴；4—从动盘；5—飞轮；6—从动盘摩擦片；
7—压紧弹簧；8—压盘；9—盖；10—分离杠杆；11—弹簧；12—分离轴承；
13—复位弹簧；14—分离叉；15—弹簧；16—调节叉；17—拉杆；18—踏板

相同，都由主动部分、从动部分、压紧装置、分离机构和操纵机构五大部分组成。如图 4-2 所示。

膜片弹簧离合器的组成见图 4-3。

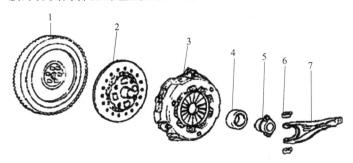

图 4-3　膜片弹簧离合器的组成

1—飞轮；2—离合器；3—离合器压盘及盖总成；

4—分离轴承；5—轴承套；6—轴承套夹；7—分离叉

膜片弹簧离合器压紧装置与分离机见图 4-4。

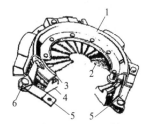

图 4-4　膜片弹簧离合器压紧装置与分离机

1—离合器外壳；2—膜片弹簧；3—枢轴环；4—压力板；

5—金属带；6—收缩弹簧

不带扭转减振器的从动盘见图 4-5。

发动机飞轮是离合器的主动件。带有摩擦片的从动盘和从动盘毂借滑动花键与从动轴（即变速箱的主动轴）相连。压紧弹簧将从动盘压紧在飞轮端面上。发动机转矩即靠飞轮与从动盘接触面之间的摩擦作用而传到从动盘上，再由此经过从动轴和传动系统中一系列部件传给驱动车轮。弹簧的压紧力愈大，则离合器所能传递的转矩也愈大。

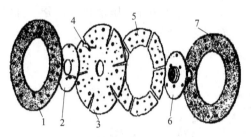

图 4-5 不带扭转减振器的从动盘

1—前衬片；2—压片；3—平衡片；4—从动盘钢片；

5—波浪形弹簧钢片；6—从动盘毂；7—后衬片

(3) 离合器的类型

摩擦式离合器，随着所用摩擦面的数目（从动盘的数目）、压紧弹簧的形式及安装位置，以及操纵机构形式的不同，其总体构造也有差异。摩擦离合器所能传递的最大转矩的数值取决于摩擦面间的压紧力和摩擦系数，以及摩擦面的数目和尺寸。

① 按从动盘的数目分为单片离合器和双片离合器。单片离合器具有一个从动盘，其前后两面都装有摩擦衬片，因而它有两个摩擦表面。

② 按压紧弹簧的结构形式分为螺旋弹簧离合器和膜片弹簧离合器。螺旋弹簧离合器按弹簧在压盘上的布置又分为周布弹簧离合器和中央弹簧离合器。

③ 按操纵机构可分为机械式（杆式和绳式）、液压式、气压式和空气助力式等。

(4) 离合器的工作过程

目前汽车离合器广泛采用机械式或液压式操纵机构，起重机底盘均采用气压助力式液压操纵机构。如52t起重机底盘所用的膜片弹簧离合器及液压控制空气助力式操纵机构。如图4-6所示，气压助力式液压操纵机构利用了汽车上的压缩空气装置。它由踏板、离合器总泵、离合器分泵、储气筒和管路等组成。操纵轻便是其突出优点。工作缸活塞杆的行程与踏板行程成一定比例，而与作用时间的长短无关，能保证当逐渐地放松离合器踏板时，离合器能平稳而

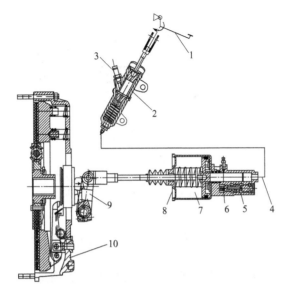

图 4-6　气压助力式液压操纵机构

1—离合器踏板机构；2—离合器总泵；3—离合器液压油壶；

4—离合器控制系统管路；5—双向阀；6—进气孔；

7—助力汽缸；8—离合器分泵；9—离合器分离机构；

10—离合器总成

柔和地接合。

① 当抬起离合器踏板时，活塞复位弹簧使主缸活塞后移，活塞后移到位时，通过限位螺钉推动阀杆及杆端密封圈阀门，压缩锥形复位弹簧，使管路与工作缸相通，整个系统无压力。这种结构的优点是：活塞密封圈在光滑主缸内滑动，无蹭伤皮圈的现象；由阀门控制回路的开启和关闭，油液通路断面大，回流通畅，离合器放松速度快；油路中的空气可随时自然排出。

② 工作缸的构造和工作情况。如图 4-7 所示，气压助力液压工作缸是一个将液压工作缸、助力汽缸和气压控制阀三者组合在一起的部件，其中的控制阀本身又受控于液压主缸的压力。

在离合器接合状态时，在平衡弹簧 3 的作用下，进气阀 4 将进气阀座 5 上的进气孔关闭，切断了压缩空气从进气口 2 通向助力气

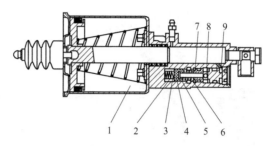

图 4-7 离合器总泵结构示意图

1—助力气室；2—进气口；3—平衡弹簧；4—进气阀；

5—进气阀座；6—复位弹簧；7—排气阀；

8—活塞；9—液压腔

室的气路，而排气阀 7 前端并未压紧进气阀 4 前端，因此，工作缸经排气阀的中心孔与大气接通。

当踩下踏板分离离合器时，主缸来的压力油进入液压腔 9，一方面作为工作压力作用在液压工作缸活塞上，另一方面又作为控制压力控制复位弹簧 6 压缩，推动排气阀 7 左移，使排气阀 7 前端压紧进气阀 4 前端，同时封闭排气阀 7 的中心孔，切断助力气室 1 与大气的通路。继续踩下踏板，使排气阀 7 压下进气阀 4，进气阀座 5 上的进气孔开启，使气压腔 1 与压缩空气接通，离合器即被迅速分离。

在压缩空气进入工作缸的同时，也通过进气孔进入进气阀 4 的右腔。当进气阀 4 所受的空气压力大于平衡弹簧的预紧力时，进气阀右移，进气阀将进气孔关闭，而此时排气阀尚未打开，则压缩空气停止进入工作缸，缸内气压保持一定，进气阀左、右压力相等，系统处于平衡状态。因为进气阀使进、排气阀同时处于关闭的位置是一定的，所以平衡弹簧的压缩量反映了踏板力与空气压力两种作用的结果，同时也反映了踏板行程及工作缸活塞杆行程的大小。踏板位置的变化使系统中的气压和工作缸活塞杆位置也相应改变。这种踏板行程与工作缸活塞杆行程之间按比例的随动作用保证了缓慢放松踏板时离合器的接合将平顺柔和。

4.1.3 变速箱

(1) 变速箱概述

① 变速箱的功用是：改变传动比，扩大汽车牵引力和速度的变化范围，以适应汽车不同条件的需要；在发动机曲轴旋转方向不变的条件下，使汽车能够倒向行驶；利用空挡中断发动机向驱动轮的动力传递，以使发动机能够启动和怠速运转，并满足汽车暂时停车和滑行的需要；利用变速箱作为动力输出装置驱动其他机构，如起重机上车的液压举升装置等。

② 变速器的分类。按其工作原理不同，分为有级变速器和无级变速器，按其操纵方式不同可分为手动变速器和自动变速器。

(2) 法士特变速箱结构及工作原理 （RT11509C 型）

① 法士特变速箱的组成。起重机底盘主要选装了法士特（Fast Gear）RT11509C 型和 6J90TA 型变速箱，适用于输出转矩 900～1500N·m 发动机匹配工作。而且 26t、52t 汽车起重机变速箱操纵采用单 H 结构，如图 4-8、图 4-9 所示。

图 4-8　变速箱实物图

RT11509C 型变速箱是一种大功率、多挡位、双副轴、主副箱组合式变速箱。其主、副箱均采用双副轴及二轴与二轴齿轮全浮动式结构。它采用单 H 换挡操纵机构，主变速箱采用传统的啮合套，副变速箱采用惯性锁销式同步器。

52t 起重机使用的 RT11509C 型变速箱，其外形简图及结构示意图如图 4-10、图 4-11 所示。

如图 4-10 所示为 RT11509C 型变速箱外形简图。

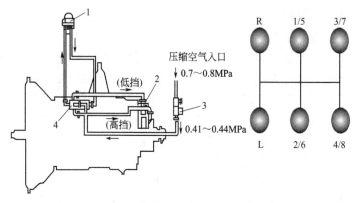

图 4-9　主副箱结构变速箱气路流程及排挡

1—预选阀（操纵手球）；2—范围挡汽缸；

3—空滤器；4—换向气阀

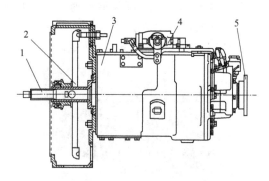

图 4-10　RT11509C 型变速箱外形简图

1—主箱一轴；2—离合器壳及分离机构；

3—主、副箱体；4—选、换挡机构；

5—输出法兰

　　如图 4-11 所示，RT11509C 型变速箱主箱和副箱都采用双副轴结构，共用一个变速箱壳体，壳体内有一中间隔板将前箱和后箱划分为主箱与副箱。主箱两个副轴支承在变速箱前壳与中间隔板之间，主箱二轴前端插在一轴孔内，后端支承在中间隔板上。变速箱输出端有一个整体式端盖与变速箱壳体相连接，在变速箱壳体后端面上有两个定位销钉，以确保后端盖与壳体的同轴度。副箱两根副轴即支承在中间隔板与后端盖之间，副箱输出轴支承在端盖上。

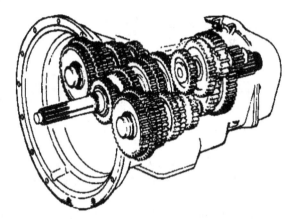

图 4-11　RT11509C 型变速箱结构示意图

主变速箱是一个具有五个前进挡（1～4 挡和爬行挡）和一个倒挡的双副轴变速箱。如图 4-12 所示。

主箱一轴 A 与离合器从动盘花键配合，副箱输出轴 E 与传动轴通过带端面花键齿的法兰连接，实现动力传递。其换挡机构是传统的啮合套而没有同步器。高、低挡换挡机构是由高、低挡换挡汽缸控制的惯性锁销式同步器来实现的。

当操纵换挡杆在低速挡（1～4 挡）时，单 H 换挡阀通过换挡汽缸推动同步器啮合套向后与副箱输出齿轮挂合，此时由轴 C 输入的动力经传动齿轮 14 和 10 传递给轴 D，再由传动齿轮 11 将动力传递给传动齿轮 12，通过同步器啮合套 13 再将动力传递给轴 E 输出。

② 变速箱的操纵机构。

a. 变速箱的操纵机构概述。变速箱操纵机构的功用是保证驾驶员根据使用条件，将变速箱换入某个挡位。

要使操纵机构可靠地工作，应满足下列要求：防止变速箱自动换挡和自动脱挡；保证变速箱不会同时换入两个挡位；防止误

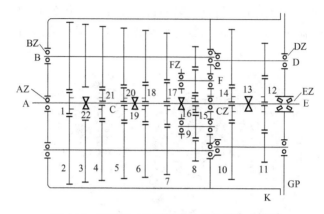

图 4-12　RT11509C 型双副轴变速箱传动简图

A—主箱一轴；B—主箱副轴；C—主箱二轴；D—副箱副轴；E—副箱输出轴；
F—主箱倒挡中间轴；AZ—主箱一轴轴承；BZ—主箱副轴轴承；CZ—主箱二
轴轴承；DZ—副箱副轴轴承；EZ—副箱输出轴双联锥轴承；FZ—主箱倒挡
中间轴；K—变速箱壳；GP—副箱后端盖；
1—主箱一轴主动传动齿轮；2—主箱副轴被动传动齿轮；3—主箱副轴取力齿轮；
4—主箱副轴三挡齿轮；5—主箱副轴二挡齿轮；6—主箱副轴一挡齿轮；
7—主箱副轴爬行挡齿轮；8—主箱副轴倒挡齿轮；9—主箱倒挡中间齿轮；
10—副箱副轴被动传动齿轮；11—副箱副轴输出传动齿轮；
12—副箱输出轴输出传动齿轮；13—副箱高、低挡同步器式挂挡装置；
14—副箱输入轴主动传动齿轮；15—主箱二轴倒挡齿轮；16—倒挡/爬行挡啮合套；
17—主箱二轴爬行挡齿轮；18—主箱二轴一挡齿轮；19—1～2（5～6）挡啮合套；
20—主箱二轴二挡齿轮；21—主箱二轴三挡齿轮；22—3～4（7～8）挡啮合套

挂倒挡。

　　b. 类型。直接操纵式变速箱的变速杆及其他换挡操纵装置都
设置在变速箱盖上，变速箱布置在驾驶员座位的附近，变速杆由驾
驶室底板伸出，驾驶员可直接操纵变速杆来拨动变速箱盖内的换挡
操纵装置进行换挡。它具有换挡位置容易确定，换挡快、换挡平稳
等优点。

　　大多数轿车和长头货车的变速箱都采用这种操纵形式。

　　如图 4-13 所示为远距离软轴操纵机构，变速操纵杆安装在驾
驶室底板（或车架）上，在驾驶员座位近旁穿过驾驶室底板，中间

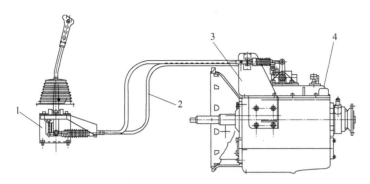

图 4-13　远距离软轴操纵机构

1—操纵杆固定架；2—推拉软轴；3—固定架；4—变速箱

通过一系列的传动件与变速箱相连。

如图 4-14 所示为远距离单杆操纵机构，变速操纵杆固定在发动机上，通过驾驶室底板上的过孔置入驾驶室内，采用纵拉杆、横拉杆等与变速箱相连的操纵方式。三一起重机底盘前期产品使用远距离单杆操纵机构，目前均使用远距离软轴操纵机构。

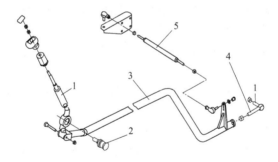

图 4-14　远距离单杆操纵机构

1—操纵杆；2—球铰；3—纵拉杆；4—球铰；5—横拉杆

③ 变速箱换挡装置。变速箱换挡装置通常由换挡拨叉机构和定位锁止装置两部分组成。

a. 换挡拨叉机构。如图 4-15 所示为六挡变速箱换挡装置结构示意图。变速杆 1 的上部为驾驶员直接操作的部分，伸到驾驶室内，其中间通过球节支承在变速箱盖顶部的球座内，变速杆能够以

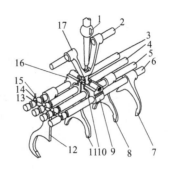

图 4-15　六挡变速箱换挡装置

1—变速杆；2—换挡轴；3—五、六挡拨叉轴；4—三、四挡拨叉轴；
5——、二挡拨叉轴；6—倒挡拨叉轴；7—倒挡拨叉；8——、二挡拨叉；
9—倒挡拨块；10——、二挡拨块；11—三、四挡拨叉；12—五、六挡拨叉；
13—互锁销；14—自锁钢球；15—自锁弹簧；16—五、六挡拨块；17—叉形拨杆

球节为支点前后左右摆动。

变速箱要换挡时，驾驶员首先向左右摆动变速杆，使叉形拨杆17下端球头置于所选挡位拨块的凹槽内，然后再向前或向后纵向摆动变速杆，使叉形拨杆17下端球头通过拨块带动拨叉轴及拨叉向前或向后移动，从而实现换挡。

各种变速箱由于挡位数及挡位排列位置不同，其拨叉和拨叉轴的数量及排列位置也不相同。例如，上述六挡变速箱的六个前进挡用了三根拨叉轴，倒挡独立使用了一根拨叉轴，共有四根拨叉轴；而五挡变速箱具有三根拨叉轴，其二、三挡和四、五挡各占一根拨叉轴，一挡和倒挡共用一根拨叉轴。

b. 互锁装置。互锁装置的作用是阻止两个拨叉轴同时移动，即当拨动一根拨叉轴轴向移动时，其他拨叉轴都被锁止，均在空挡位置不动，从而可以防止同时挂入两个挡位（图4-16）。

如图 4-17 所示，其互锁原理如下：当变速箱处于空挡位置时，所有拨叉轴的侧面凹槽同钢球、顶销都在同一直线上。在移动拨叉轴 2 时，如图 4-17(a) 所示，拨叉轴 2 两侧的钢球从其侧面凹槽被挤出，两侧面外钢球分别嵌入拨叉轴 1 和拨叉轴 3 的侧面凹槽中，将轴锁止在空挡位置。若要移动拨叉轴 3，必须先将拨叉轴 2

退回到空挡位置，拨叉轴3移动时钢球从凹槽挤出，通过顶销推动另一侧两个钢球移动，拨叉轴1和拨叉轴2均被锁止在空挡位置上，如图4-17(b)所示。拨叉轴1的工作情况与上述相同，如图4-17(c)所示。

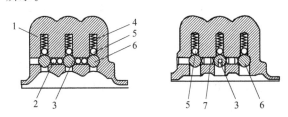

图 4-16　变速箱换挡装置中的自锁及互锁装置

1—盖；2—互锁钢球；3—互锁顶销；4—弹簧；5—钢球；6—拨叉轴；7—互锁销

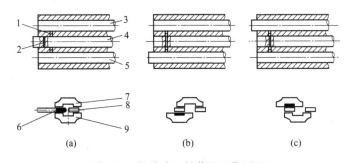

(a)　　　　　　　　(b)　　　　　　　　(c)

图 4-17　钢球式互锁装置工作原理

1—互锁钢球；2—互锁顶销；3—拨叉轴1；4—拨叉轴2；

5—拨叉轴3；6—变速杆下端球头；7—拨叉1；

8—拨叉2；9—拨叉3

由上述互锁装置工作情况可知，当一根拨叉轴移动的同时，其他两根拨叉轴均被锁止。但有的变速箱互锁装置没有顶销，当某一拨叉轴移动时，只要锁止与之相邻的拨叉轴，即可防止同时换入两个挡。

c. 倒挡锁。倒挡锁的作用是使驾驶员必须对变速杆施加较大的力，才能挂入倒挡，起到提醒作用，防止误挂倒挡，提高安全性。只要换入倒挡，其拨叉轴就接通变速箱壳上的倒挡开关，警告灯亮、报警器响，有效地防止误挂倒挡。

4.1.4 万向传动装置

（1）万向传动装置的功用和组成

万向传动装置的功用是能在轴间夹角和相对位置经常变化的转轴之间传递动力。传动系中的万向传动装置在变速箱之后，把变速箱输出转矩传递到驱动桥。

万向传动装置一般由万向节和传动轴组成；对于传动距离较远的分段式传动轴，为了提高传动轴的刚度，还设置有中间支承。

起重机底盘变速箱与驱动桥之间的万向传动装置见图4-18。

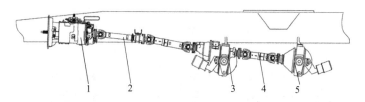

图 4-18 起重机底盘变速箱与驱动桥之间的万向传动装置
1—变速箱；2—中桥传动轴；3—中驱动桥；4—后桥传动轴；5—后驱动桥

（2）万向节

万向节按其在扭转方向上是否有明显的弹性可分为刚性万向节和挠性万向节。在前者中，动力是靠零件的铰链式连接传递的；在后者中则靠弹性零件传递，且有缓冲减振作用。

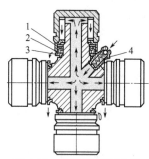

图 4-19 十字轴润滑油道
及密封装置

1—油封座；2—油封；
3—油封挡圈；4—油嘴

刚性万向节又可分为不等速万向节（常用的为十字轴式），准等速万向节（双联式、二销轴式等）和等速万向节（球叉式、球笼式等）。

十字轴式刚性万向节因其结构简单，工作可靠，传动效率高，且允许相邻两传动轴之间有较大的交角（一般为15°～20°），故普遍应用于汽车的传动系统中。

十字轴润滑油道及密封装置见图4-19。

十字轴式刚性万向节的构造见图 4-20，两万向节叉上的孔分别活套在十字轴的两对轴颈上。这样当主动轴转动时，从动轴既可随之转动，又可绕十字轴中心在任意方向摆动。为了减少摩擦损失，提高传动效率，在十字轴轴颈和万向节叉孔间装有由滚针和套筒组成的滚针轴承。然后用螺钉和盖板将套筒固定在万向节叉上，并用锁片将螺钉锁紧，以防止轴承在离心力作用下从万向节叉内脱出。

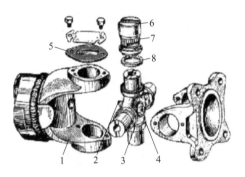

图 4-20　十字轴式刚性万向节
1—万向节叉；2—油嘴；3—十字轴；4—安全阀；
5—轴承盖；6—套筒；7—滚针；8—油封

(3) 传动轴与中间支承

① 传动轴。传动轴是万向传动装置中的主要传力部件，通常用来连接变速箱和驱动桥，在转向驱动桥和断开式驱动桥中，则用来连接差速器和驱动轮。如图 4-21 所示。

② 中间支承。因传动连接需要，传动轴过长时，自振频率降低，易产生共振，故将其分成两段并加中间支承。传动轴的中间支承通常装在车架横梁上，能补偿传动轴轴向和角度方向的安装误差，以及汽车行驶过程中因发动机窜动或车架变形等引起的位移。

③ 中间支承常用弹性元件来满足上述要求，它主要由轴承、带油封的盖、支架、弹性元件等组成。如图 4-22 所示，中间支承通过支架与车架连接，轴承固定在中间传动轴后部的轴颈上。橡胶衬套（弹性橡胶元件）位于轴承座与支架之间，支架紧固时，橡胶

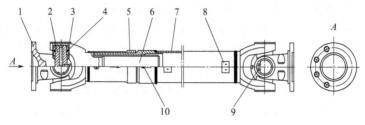

图 4-21　传动轴结构示意图

1—凸缘叉；2—万向节十字轴；3—万向节轴承座；4—万向节轴承；

5—防尘护套；6—花键轴；7—滑动叉（轴管）；

8—平衡片；9—挡圈；10—装配位置标记

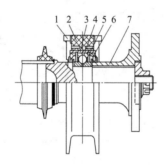

图 4-22　中间支承结构示意图

1—支架；2—橡胶衬套；3—轴承座；4—轴承；

5—卡环；6—带油封的盖；7—中间传动轴

垫环会径向扩张，其外圆被挤紧于支架的内孔中。

4.2　转向系

4.2.1　转向系概述

转向系是通过对左、右转向车轮不同转角之间的合理匹配来保证汽车能沿着设想的轨迹运动的机构。

（1）转向系的功用

汽车转向系的功用是改变和保持汽车的行驶方向。

（2）转向系的分类

按转向能源的不同，转向系可分为机械转向系和动力转向系。

汽车起重机底盘全部采用动力转向器。

（3）转向系的基本组成

转向系的基本组成包括转向操纵机构、转向器和转向传动机构三大部分。

如图 4-23 所示为起重机底盘操纵机构与转向器布置图。转向操纵机构包括转向盘 1、转向柱管 4、花键轴 8、花键套 9、上万向节 7、下万向节 10 等。转向柱管 4 通过转向操纵机构支架 6 和转向柱管支架 2 固定在驾驶室内前围板上。

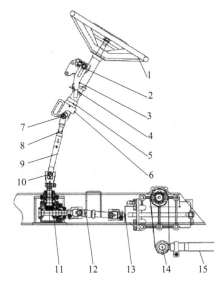

图 4-23　起重机底盘操纵机构与转向器布置图
1—转向盘；2—转向柱管支架；3—锁止手柄；4—转向柱管；
5—导向销；6—转向操纵机构支架；7—上万向节；8—花键轴；
9—花键套；10—下万向节；11—角转向器；12—中间传动轴；
13—动力转向器；14—转向垂臂；15—转向直拉杆

4.2.2　转向传动机构功用及组成

（1）转向传动机构的功用

转向传动机构将转向器输出的力和运动传到转向桥两侧的转向节，使两侧转向轮偏转，且使两转向轮偏转角按一定关系变化，以保证汽车转向时车轮与地面的相对滑动尽可能小。

如图 4-24 所示，以汽车向左转向为例：通过转向操纵机构和动力转向器使转向垂臂 2 向前摆动，带动转向直拉杆 6 前移，再通过转向节臂 5 促使左车轮绕主销中心向左偏转。通过转向使右车轮按一定角度关系向左偏转，实现汽车向左转向行驶。

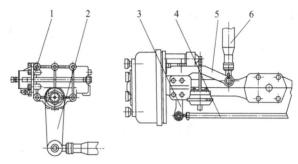

图 4-24　转向传动机构

1—动力转向器；2—转向垂臂；3—梯形臂；
4—转向横拉杆；5—转向节臂；6—转向直拉杆

（2）液压常流转阀式动力转向系统基本工作原理

如图 4-25 所示为汽车起重机底盘采用的液压常流转阀式动力

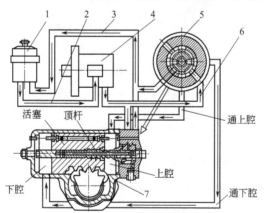

图 4-25　液压常流转阀式动力转向系统工作原理

1—转向油罐；2—转向油泵进油管；3—回油管；
4—转向油泵；5—转阀；6—转向油泵出油管；7—动力转向器

转向系统工作原理。

　　系统主要由转向油泵 4、动力转向器 7、转向油罐 1、油管等组成。转阀 5 集成在动力转向器内。动力转向油泵内集成了流量控制阀及压力控制阀。转向油泵借助发动机的动力，产生高压油，转动方向盘可带动转阀动作，高压油进入动力转向器的上腔或下腔，推动活塞向上腔或向下腔运动，活塞上加工有齿条，齿条与转向臂轴上的齿扇相配合，带动转向臂轴旋转，将力传给转向传动机构。

4.3　制动系

（1）制动系的功用与分类

　　① 制动系的功用。

　　a. 汽车高速或转向行驶的主动安全措施。

　　b. 强制行驶中的汽车减速或停车。

　　c. 使下坡行驶的汽车车速保持稳定。

　　d. 使已停驶的汽车在原地（包括在斜坡上）驻留不动。

　　② 制动系的分类。

　　a. 按制动能源分类有人力、动力和伺服制动系三种，又可细分为七种制动方式：人力机械式、人力液压式、气压制动式、气顶液制动式、全液压制动式、增压式、助力式。

　　b. 按能量传输分类有机械、液压、气压等。

　　c. 按制动回路分类有单、双回路系统。当一条回路出现故障，另一回路仍保证汽车有一定的制动效果，因此更安全。

　　d. 按汽车运行状态分类，是在汽车运行中实现制动，还是在汽车停驶状况下实现制动，分为：行车制动系、驻车制动系、第二制动系、辅助制动系。

　　汽车起重机底盘行车制动属于气压双回路型，作用于前、中、后轮制动器；驻车制动为弹簧储能型，作用于中、后轮制动器；驻车制动兼起应急制动作用；辅助制动为排气制动。

（2）制动装置的基本结构与工作原理

　　制动系统装置包括供能装置、控制装置、传动装置、制动器、缓速装置、制动管路、辅助装置。

① 供能装置。供能装置是制动系中供给、调节制动所需的能量，必要时还可以改善传能介质状态的部件。分为制动能源与制动力调节装置两种，制动能源为空压机压缩气源；制动力调节装置有：限压阀、比例阀、感载阀、惯性阀、制动防抱死系统（ABS）。

② 控制装置。控制装置指制动系统中初始操作及控制制动效能的部件或机构，三一搅拌车装有脚踏操纵的行车制动、手动操纵的驻车制动及电控气操纵的排气制动。

③ 传动装置。传动装置是制动系统中用以将控制制动器的能量输送到制动促动器的部件，装有气压式双回路行车制动系统。一条为从四回路阀经储气筒、继动阀至中、后桥制动气室；另一条为从四回路阀经储气筒、快放阀（或前桥继动阀）至前桥制动气室。另外，装有经四回路阀、储气筒、差动继动阀至中、后桥弹簧制动气室的驻车制动系统回路。此三条回路在气压高于 0.67MPa 时，储气筒气压相互连通，而在气压低于 0.67MPa 时，各储气筒之间气压相互断开，保证在其中一条回路失效的情况下，汽车不会失去制动能力。

④ 制动器。制动器是制动系统中产生阻止车辆运动或运动趋势的力的机构，以摩擦产生制动力矩的制动器为摩擦制动器。摩擦制动器有鼓式和盘式两大类。鼓式制动器有内张型和外束型两种。盘式制动器有钳盘式和全盘式两种。三一起重机系列底盘装的凸轮式鼓式制动器，其结构如图 4-26 所示。

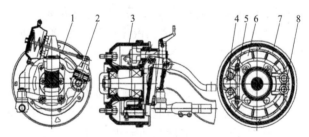

图 4-26　凸轮式鼓式制动器
1—膜片式制动气室；2—制动调整臂；3—制动鼓；
4—制动凸轮；5—回位拉簧；6—制动蹄；
7—摩擦片；8—定位销

凸轮促动的气压制动车轮制动器。制动时，制动调整臂在制动气室推杆推动下，使凸轮轴转动，凸轮推动两制动蹄张开，压紧在制动鼓上，制动鼓与摩擦片之间产生制动力，使汽车减速。

解除制动，压缩空气从气管回到制动控制阀，排入大气。制动蹄在回位弹簧拉动下离开制动鼓，车轮又可转动。

⑤ 缓速装置。缓速装置是用于使行驶中的汽车速度降低或稳定在一定的速度范围内的机构。

⑥ 制动管路。制动管路为部分钢管加尼龙 11 管及制动软管组成，尼龙 11 管管子规格（外径×壁厚）为 8×1、12×1.5、14×1.5，尼龙管总成与管接头体采用卡套连接，如图 4-27 所示。

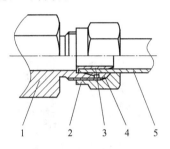

图 4-27　尼龙管接头
1—管接头体；2—连管螺母；
3—衬套；4—卡套；5—尼龙管

⑦ 辅助装置。辅助装置是为改善制动性能和使用的方便性在制动系中增加的装置，包括报警装置、压力保护装置、制动力调节装置及车轮防抱死装置等。

（3）主要制动元件

下列为主要阀类零件的结构、工作原理及用途。

① 四回路保护阀。四回路保护阀用于多回路气制动系统。其中一条回路失效时，该阀能够使其他回路的充气和供气不受影响。

四回路保护阀的工作原理如图 4-28 所示，压缩空气从 1 口进入，同时到达 A、B 和 C、D 腔，达到阀门的开启压力时，阀门被打开，压缩空气经 21、22、23、24 口输送到贮气筒。当 22 口回路失效时，其他回路由于阀门的单向作用，保证不会导致经该回路完全泄漏掉，仍维持在一定压力（即保护压力约 0.67MPa，在此压力之上，各回路之间互相连通，可以互相补偿）。空压机再次供气时，未失效的回路因有气压作用在输出口 21、23、24 的膜片上，使得 1 口的气压容易将 21、23、24 口阀门打开，继续向未失效回路 21、23、24 口供气。失效的回路因没有气压作用在输出 22 口的膜片上、仅有气压作用在阀门上而无法打开。当充气压力再升高，达到或超过开启压力时，压缩空气的多余部分将从失效回路 22 口漏掉，而未失效回路的气压仍能保证。

② 双腔串联制动阀。双腔串联制动阀如图 4-29 所示，在双回路主制动系统的制动过程和释放过程中实现灵敏的随动控制。其工作原理如下。

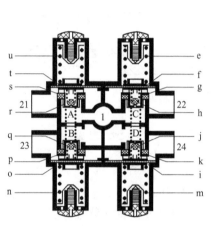

图 4-28 四回路保护阀

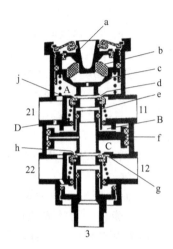

图 4-29 双腔串联制动阀

在顶杆座 a 施加制动力，推动活塞 c 下移，关闭排气门 d，打开进气门 j，从 11 口来的压缩空气到达 A 腔，随后从 21 口输出到制动管路Ⅰ。同时气流经孔 D 到达 B 腔，作用在活塞 f 上，使活塞 f 下移，关闭排气门 h，打开进气门 g，由 12 口来的压缩空气到达 c 腔，从 22 口输出送到制动管路Ⅱ。解除制动时，21、22 口的气压分别经排气门 d 和 h 从排气口 3 排向大气。当第一回路失效时，阀门总成 e 推动活塞 f 向下移动，关闭排气门 h，打开进气门 g，使第二回路正常工作。当第二回路失效时，第一回路正常工作。

③ 手控阀。手控阀如图 4-30 所示，用于操纵具有弹簧制动的紧急制动和停车制动，起开关作用。在行车位置至停车位置之间，操纵手柄能够自动回到行车位置，处于停车位置时能够锁止。

手控阀工作原理：当手柄处于 0°～10°时，进气阀门 A 全开，排气阀门B关闭，气压从1口进，从2口输出，整车处于完全解除制动状态；当手柄处于10°~55°时，在平衡活塞b和平衡弹簧g的作用下，2口压力p_2随手柄转角的增加而呈线性下降至零；当手柄处在紧急制动止推点时，整车处于完全制动状态；当手柄处于73°时手柄被锁止，整车完全处于制动状态。

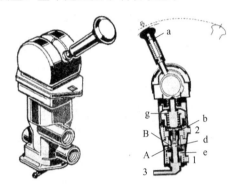

图4-30　手控阀

④ 双回路气压制动装置和管路布置。汽车起重机的制动系统与全车气路，根据车型不同略有不同。如图4-31所示是三一起重机26t底盘制动系统原理。值得指出的是，制动系统气路元件的各个气路接口都用数字标明了它的用途。其标号含义如下：1——该阀件的进气口；2——该阀件的出气口；3——该阀件的排气口；4——该阀件的控制口。

凡标有两位数字的表示某一接口的顺序。例如"11"表示该阀件的第一进气口，"12"表示第二进气口，"21"表示该阀的第一出气口，"22"表示第二出气口等。在某些阀件接口处往往还标有"＋"和"－"号，标有"＋"号的接口表示与出气口气压成正比关系，标有"－"号则表示该接口与出气口气压成反比关系。为了便于识别，实际装车的各个阀件壳体的各气路接口处也同样标有上述标记。

三一系列起重机底盘采用双回路制动的主制动系统、弹簧贮能放气制动的停车制动、应急制动系统以及排气制动的辅助制动系统。

　　所谓双回路主制动系统，即是将前桥与（中）后桥分成既相关联又相独立的两个回路，当其中任一回路出现故障时不影响另一回路的正常工作，以确保制动的可靠。

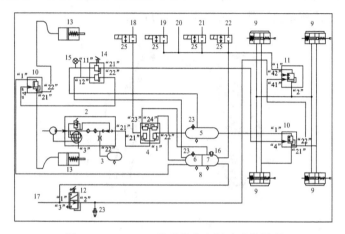

图 4-31　三一 26t 起重机底盘制动系统原理

1—空压机；2—空气干燥器；3—再生储筒；4—四回路保护阀；

5—后刹储气筒；6—前刹储气筒；7—手刹＋辅助储气筒；8—放水阀；

9—弹簧制动气室；10—继动阀；11—差动式继动阀；12—驻车制动阀；

13—制动气室；14—气制动总阀；15—气压表；16—测试接头；

17—接气喇叭；18—接发动机断油缸；19—接排气制动缸；

20—接离合器分泵；21—接变速箱；22—接轴间差速锁；23—压力感应塞

4.4　行驶系

　　行驶系包括车架、车桥（转向桥、驱动桥）、车轮、悬架。

（1）汽车行驶系的功用

　　行驶系接收发动机经传动系传来的转矩，并通过驱动轮与路面间附着作用，产生路面对汽车的牵引力，以保证整车正常行驶；此外，它应尽可能缓和不平路面对车身造成的冲击和振动，保证与汽车转向系很好地配合工作，实现汽车行驶方向的正确控制，以保证汽车操纵稳定性。行驶系由车架、车桥、悬架和车轮等部分组成。

（2）转向桥

① 转向桥的功用与组成。转向桥能使装在前端的左、右车轮偏转一定的角度来实现转向，还应该能承受垂直载荷和由道路、制动等力产生的纵向力和侧向力以及这些力所形成的力矩。因此，转向桥必须有足够的强度和刚度；车轮转向过程中相对运动的部件之间摩擦力应该尽可能小；保证车轮正确的安装定位，从而保证汽车转向轻便和方向的稳定性。

汽车的转向桥结构大致相同，其主要由前轴、转向节和主销等部分组成。按前轴的断面形状分为工字梁式和管式两种。搅拌车底盘前桥采用工字梁结构，如图 4-32 所示。

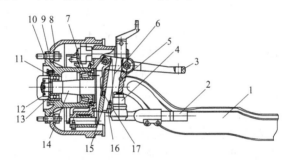

图 4-32　起重机底盘工字梁式转向桥

1—前轴；2—转向横拉杆；3—转向节臂；4—梯形臂；

5—楔形锁销；6—主销；7—内轮毂轴承；8—制动毂；

9—轮毂；10—前轮螺栓；11—外轮毂轴承；12—开槽螺母；

13—垫圈；14—转向节；15—减摩衬套；16—螺套；17—止推轴承

② 转向车轮定位。转向桥在保证汽车转向功能的同时，应使转向轮有自动回正的作用，以保证汽车直线行驶的稳定性。当转向轮偶遇外力作用发生偏转时，一旦外力消失能立即自动回到直线行驶状态。这种自动回正作用是由转向轮的定位参数来实现的，就是汽车的每个转向车轮、转向节和前轴与车架的安装应保持一定的相对位置。车轮定位参数包括主销后倾、主销内倾、前轮外倾和前轮前束四个参数。通常车轮定位是指前轮定位，现在也有许多车辆需要除了前轮定位的后轮定位，即四轮定位。

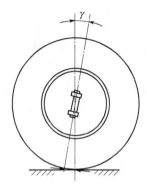

图 4-33　主销后倾角
作用示意图

a. 主销后倾。在汽车的纵向平面内（汽车侧面），主销上部向后倾一个角度 γ，称为主销后倾角，如图 4-33 所示。主销后倾角通过底盘总布置来确定。

b. 主销内倾。在汽车的横向平面内，主销上部向内倾一个角度，主销轴线与路面垂线之间的夹角 β 称为主销内倾角，如图 4-34(a) 所示。

主销内倾角也具有使车轮自动回正的作用，如图 4-34(b) 所示。

主销内倾角越大，汽车前部被抬起得越高，转向轮自动回正的作用就越大。此外主销内倾角的另一个作用是使转向轻便，如图 4-34(a) 所示。

c. 前轮外倾。前轮外倾角是通过车轮中心的轮胎中心线与地面垂线之间的夹角 α，如图 4-34(a) 所示。

d. 前束。具有外倾角的车轮在滚动时犹如滚锥，因此当汽车向前行驶时，左右两前轮的前端会向外滚开。

前轮前束给车轮一个向内滚动的趋势，保证车轮在每一瞬时滚动方向接近于向着正前方，从而在很大程度上减轻和消除了由于车轮外倾向外滚开的趋势。如图 4-35 所示。

前轮前束可通过改变横拉杆的长度来调整，起重机底盘前束值

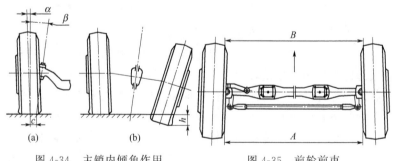

(a)　　　　　　(b)

图 4-34　主销内倾角作用
示意图及前轮外倾角

图 4-35　前轮前束

一般为 2～4mm。

（3）驱动桥

① 驱动桥的功用。

a. 将万向传动装置（传动轴）传来的发动机动力（转矩）通过主减速器、差速器、半轴等传递到驱动车轮，实现降速、增矩的功用。

b. 通过主减速器圆锥齿轮副（传动副）改变转矩的传递方向。

c. 通过差速器实现两侧车轮的差速作用，保证内、外侧车轮以不同转速转向。

d. 桥（桥壳）有一定的承载能力（轴荷）。

② 驱动桥类型、组成及工作原理。

a. 驱动桥的类型。有断开式驱动桥和非断开式驱动桥两种。起重机底盘采用的是非断开式驱动桥，驱动桥由主减速器、差速器、半轴和驱动桥壳等部分组成。

b. 工作原理。如图 4-36 所示，动力从变速器（或分动器）→传动轴→主减速器（降速、增矩）→差速器→左、右半轴（外端凸缘盘法兰）→轮毂（轮毂在半轴套管上转动）→轮胎轮辋（钢圈）。

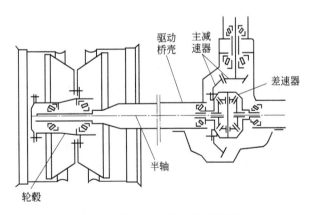

图 4-36　非断开式驱动桥工作原理

驱动桥通过悬架系统与车架连接，由于半轴与桥壳是刚性连成一体的，因此半轴和驱动轮不能在横向平面运动。故称这种驱动桥为非断开式驱动桥，亦称整体式驱动桥。

为了提高汽车行驶的平顺性和通过性，有些轿车和越野车全部或部分驱动轮采用独立悬架，即将两侧的驱动轮分别采用弹性悬架与车架相联系，两轮可彼此独立地相对车架上、下跳动。与此相应的主减速器固定在车架上。驱动桥半轴制成两段并通过铰链连接，这种驱动桥称为断开式驱动桥。

③ 主减速器的功能。主减速器作用是进一步降低转速，将传动轴输入转矩进一步增大，改变转矩的旋转方向，以满足驱动轮克服阻力矩的要求，使汽车正常启动和行驶。

为满足不同的使用要求，主减速器的结构形式也是不同的。按减速齿轮副数，分单级式和双级式主减速器。按传动比挡数，分单速式和双速式主减速器。按齿轮副结构，分圆柱齿轮式、圆锥齿轮式和准双曲面齿轮式主减速器。起重机底盘后桥采用单级主减速器，其构造如图 4-37 所示。

④ 差速器。

齿轮式差速器的功用、当汽车转弯行驶或在不平路面上行驶时，使左右驱动车轮以不同的转速滚动，即保证两侧驱动车轮作纯滚动运动。

车轮对路面的滑动不仅会加速轮胎磨损、增加汽车的动力消耗，而且可能导致转向和制动性能的恶化。为此，在汽车结构上，必须保证各个车轮能以不同的角速度旋转，若主减速器从动齿轮通过一根整轴同时带动两侧驱动轮，则两轮角速度只能是相等的。

因此，为了使两侧驱动轮可用不同角速度旋转，以保证其纯滚动状态，就必须将两侧车轮的驱动轴断开（称为半轴），而且主减速器从动齿轮通过一个差速齿轮系统分别驱动两侧半轴和驱动轮。这种装在同一驱动桥两侧驱动轮之间的差速器称为轮间差速器。

多轴驱动的汽车，各驱动桥间由传动轴相连。若各桥的驱动轮均以相同的角速度旋转，同样也会发生上述轮间无差速时的类似现象。为使各驱动桥能具有不同的输入角速度，以消除各桥驱动

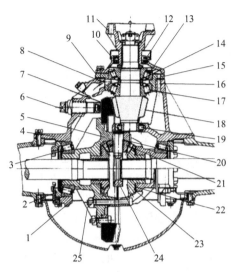

图 4-37　单级主减速器及差速器总成构造

1—差速器轴承盖；2—轴承调整螺母；3、13、17—圆锥滚子轴承；

4—主减速器；5—差速器壳；6—支承螺栓；7—从动锥齿轮；

8—进油道；9、14—调整垫片；10—防尘罩；11—叉形凸缘；

12—油封；15—轴承座；16—回油道；18—主动锥齿轮；

19—圆柱滚子轴承；20—行星齿轮垫片；21—行星齿轮；

22—半轴齿轮推力垫片；23—半轴齿轮；

24—行星齿轮轴；25—螺栓

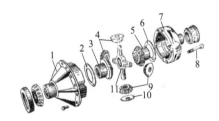

图 4-38　齿轮式差速器构造

1—差速器壳；2—半轴齿轮推力垫片；3—半轴齿轮；

4—行星齿轮；5—半轴齿轮；6—半轴齿轮推力垫片；

7—差速器壳；8—螺栓；9—行星齿轮；

10—行星齿轮球面垫片；11—行星齿轮（十字轴）

轮的滑动现象，可以在各驱动桥之间装设轴间差速器。

如图 4-37 所示为单级主减速及差速器总成构造，当遇到左、右或前、后驱动轮与路面之间的附着条件相差较大的情况时，简单的齿轮式差速器将不能保证汽车得到足够的牵引力。因此经常遇到此种情况的汽车应当采用防（限）滑差速器。

齿轮式差速器见图 4-38。

齿轮式差速器有圆锥齿轮式和圆柱齿轮式两种。

差速器不起差速作用时，左右车轮转速相同，行星齿轮本身不转动。差速器起差速作用，行星齿轮转动，左右车轮转速不等。

十字轴固定在差速器壳内，与从动锥齿轮以相同的转速转动，并通过半轴齿轮带动左右半轴和驱动车轮转动。

行星齿轮一边随十字轴绕半轴齿轮（太阳齿轮）公转，一边绕十字轴轴颈自转时，左右半轴齿轮的转速之和等于从动锥齿轮转速的两倍，而与行星齿轮本身的自转转速无关。差速器行星齿轮自转产生的内摩擦力矩的一半加到转速慢的车轮上，另一半加到转速快的车轮上。

⑤ 半轴与桥壳。

a. 半轴。半轴是在差速器与驱动轮之间传递动力的实心轴，其内端用花键与差速器的半轴齿轮连接，外端则用凸缘与驱动轮的轮毂相连。

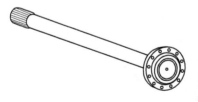

图 4-39　全浮式半轴

现代汽车基本上采用全浮式半轴和半浮式半轴两种支承形式。搅拌车底盘采用全浮式半轴，由花键、杆部、凸缘等组成，如图 4-39 所示。在内端，作用在主减速器从动齿轮上的力及弯矩全部由差速器壳直接承受，与半轴无关。因此，这样的半轴支承形式使半轴只承受转矩，而两端均不承受任何反力和弯矩，故称为全浮式支承形式。"浮"即指卸除半轴的弯曲载荷而言。

b. 驱动桥壳。驱动桥壳的功用是：支承并保护主减速器、差速器和半轴等，使左右驱动车轮的轴间相对位置固定；同从动桥一起支承车架及其上的各总成质量；汽车行驶时，承受由车轮传来的路面反作用力和力矩，并经悬架传给车架。

驱动桥壳应有足够的强度和刚度，且质量要小，并便于主减速器的拆装和调整。由于桥壳的尺寸和质量一般都比较大，制造较困难，故其结构形式在满足使用要求的前提下，要尽可能便于制造。驱动桥壳从结构上可分为整体式桥壳和分段式桥壳两类。一般起重机底盘均为整体式桥壳。

（4）车轮与轮胎

车轮与轮胎是汽车行驶系统中的重要部件，其功用是：支承整车；缓和由路面传来的冲击力；通过轮胎同路面间的附着作用来产生驱动力和制动力；汽车转弯行驶时产生平衡离心力的侧抗力，在保证汽车正常转向行驶的同时，通过车轮产生自动回正力矩，使汽车保持直线行驶方向；承担越障、提高通过性的作用等。

① 车轮。

车轮是介于轮胎和车轴之间承受负荷的旋转组件，通常由两个主要部件轮辋和轮辐组成。轮辋是在车轮上安装和支承轮胎的部件，轮辐是在车轮上介于车轴和轮辋之间的支承部件。轮辋和轮辐可以是整体式的或可拆卸式的。车轮有时还包含轮毂。

按轮辐的构造，车轮可分为两种：辐板式和辐条式。按车轴一端安装个数分为单式车轮和双式车轮。如图4-40所示为辐板式车轮。

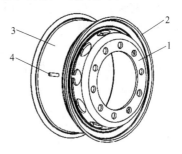

图4-40　辐板式车轮
1—辐板；2—挡圈；
3—轮辋；4—气门嘴孔

② 轮胎。

a. 轮胎应满足的使用要求。现代汽车一般采用充气轮胎。轮胎安装在轮辋上，直接与路面接触，汽车轮胎应满足如下的使用要求。

• 能承受足够的负荷和使用车速并能保证有足够的可靠性与安全性和侧偏能力。

• 具有良好的纵向和侧向路面附着性能，有利于汽车的通过性和操纵稳定性。

• 滚动阻力小、行驶噪声低。

• 额定轮胎气压的保持时间长、具有良好的气密性能。

• 具有良好的径向柔顺性、缓冲特性和吸振能力，有利于乘坐舒适性和平顺性等。

• 磨耗均匀、耐磨性好、耐刺扎、耐老化、使用寿命长、价格低廉。

• 质量和转动惯量小，并有良好的均匀性和质量平衡。

• 互换性好，拆装方便，车轮内有足够的安装制动器的空间。

• 越野汽车的轮胎还需其接地面积的比压低，应能适应对轮胎气压的调节要求。

b. 轮胎的类型。充气轮胎按组成结构不同，又分为有内胎和无内胎两种。充气轮胎按胎体中帘线排列方向不同，还可分为普通斜交胎和子午线胎。

载重汽车轮胎系列 GB/T 2977—1997 标准规定了轮胎的规格、基本参数、主要尺寸、气压负荷对应关系等。如图 4-41 所示为车轮尺寸标记。

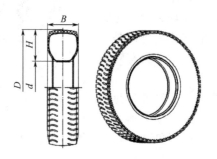

图 4-41　车轮尺寸标记

D—外径；d—内径；H—断面高度；B—断面宽度

（5）悬架

悬架是车架（或承载式车身）与车桥（或车轮）之间的一切传力连接装置的总称。随着汽车工业的不断发展，现代汽车悬架有着各种不同的结构形式。其基本组成有弹性元件、导向装置、减振器和横向稳定杆。

① 悬架的功用。悬架的功用是把路面作用于车轮上的垂直反力（支承力）、纵向反力（牵引力和制动力）和侧向反力以及这些反力所造成的力矩都传递到车架（或承载式车身）上，以保证汽车的正常行驶。

② 悬架的类型。汽车悬架可分为两大类：非独立悬架和独立悬架，如图 4-42（a）所示为非独立悬架；如图 4-42（b）所示为独立悬架。

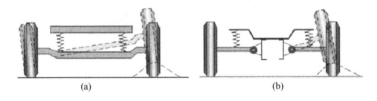

图 4-42　悬架的类型

钢板弹簧式非独立悬架起重机钢板弹簧都是纵向安置的。这种用铰链和吊耳将钢板弹簧两端固定在车架上的结构是目前广泛采用的一种连接形式，如图 4-43 所示为 26t 起重机底盘前悬架，即为纵置板簧式非独立悬架的典型结构。

如上所述，全部车轮采用独立悬架，可以保证所有车轮与地面的良好接触，但将使汽车结构变得复杂，对于全轮驱动的多轴汽车尤其如此。

若将两个车桥（如三轴汽车的中桥与后桥）装在平衡杆的两端，而将平衡杆中部与车架作铰链式连接，这样，一个车桥抬高将使另一车桥下降。而且，由于平衡杆两臂等长，则两个车桥上的垂直载荷在任何情况下都相等，不会产生如图 4-44 所示的情况。

这种能保证中后桥车轮垂直载荷相等的悬架称为平衡悬架。

起重机底盘的平衡悬架结构如图 4-45 所示。钢板弹簧的一端成卷耳状，安装在后簧前吊耳上；另一端自由地支承在中、后桥半轴套管上的滑板式支架内。

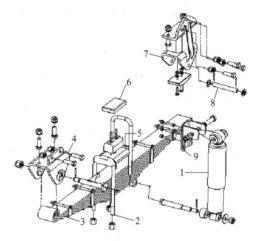

图 4-43 26t起重机底盘前悬架

1—减振器；2—U形螺栓；3—前钢板弹簧；4—前簧前支架总成；
5—前簧盖板；6—前簧限位块；7—前簧后支架总成；
8—前簧后吊耳销；9—减振器支架

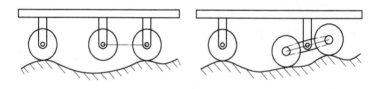

图 4-44 三轴汽车在不平道路上行驶情况示意图

　　这种平衡悬架结构的优点为：减少了非悬挂质量，有利于提高整车平顺性；结构形式简单，易于布置；车架载荷得到了分散，对车架强度有利；为保证轴承毂与悬架芯轴之间的润滑，在毂内设有油道和压力加注润滑脂的滑脂嘴，在盖上有加油孔螺塞。加油时，将螺塞拧下，即可加注变速器用齿轮油，使油面高度升至加油孔下边缘。而在芯轴轴承毂下方的滑脂嘴是供新车装配时用压力加注润滑脂用的，而不用于平时维护加油。

　　减振器为加速车架和车身振动的衰减，以改善汽车行驶平顺性，在大多数汽车的悬架系统内都装有减振器。减振器和弹性元件

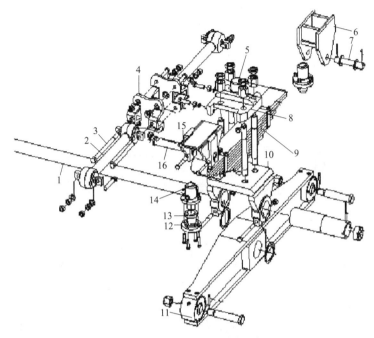

图 4-45　起重机底盘平衡悬架

1—中心轴；2—推力杆总成；3—对拉螺栓；4—推力杆支架；

5—后簧限位块（上）；6—后簧后支架总成；7—后簧后吊耳销；

8—后钢板弹簧盖板；9—后钢板弹簧；10—中心支座总成；

11—平衡梁总成；12—中后桥限位板；13—中后桥减振垫；

14—中后桥限位块；15—后簧前支架总成；16—后簧前吊耳销

是并联安装的（图 4-46）。悬架系统的减振器与弹性元件并联，弹性元件可避免道路冲击力直接传到车架、车身，缓和路面冲击力。减振器可迅速衰减振动。

汽车悬架系统中广泛采用液力减振器。液力减振器的作用原理是当车桥与车架有相对运动时，而减振器中的活塞在缸筒内作往复运动，于是减振器内的油液也

图 4-46　减振器的安装示意图

反复在活塞的上、下腔间流动。油液流动通过阀或小孔时，由于节流产生阻尼力，从而实现减振作用。减振器起到迅速衰减振动的作用。

双向作用筒式减振器的工作原理如图 4-47 所示，分为压缩和伸张两个行程。

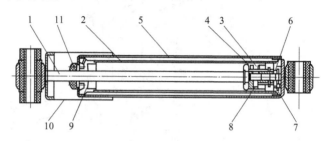

图 4-47　双向作用筒式减振器

1—活塞杆；2—工作缸筒；3—活塞；4—伸张阀；5—储油缸筒；
6—压缩阀；7—补偿阀；8—流通阀；
9—导向座；10—防尘罩；11—油封

压缩行程：当减振器受压缩时，减振器活塞 3 下移。活塞下腔容积减小，油压升高，油液经流通阀 8 流到活塞上腔。由于上腔被活塞杆 1 占去一部分，上腔内增加的容积小于下腔减小的容积，故还有一部分油液推开压缩阀 6，流回储油缸筒 5。阀对油液的节流便造成对悬架压缩运动的阻尼力。

伸张行程：当减振器受拉伸时减振器活塞向上移动，活塞上腔油压升高，流通阀 8 关闭。上腔内的油液便推开伸张阀 4 流入下腔。同样，由于活塞杆的存在，自上腔流来的油液还不足以充满下腔所增加的容积，下腔内产生一定的真空度，这时储油缸中的油液便推开补偿阀 7 流入下腔进行补充。此时，这些阀的节流作用即造成对悬架伸张运动的阻尼力。

（6）车架

汽车起重机车架由车架前段、车架后段、前固定支腿箱总成、后固定支腿箱总成等拼焊而成，如图 4-48 所示。下面主要以 26t 车架结构为重点介绍。

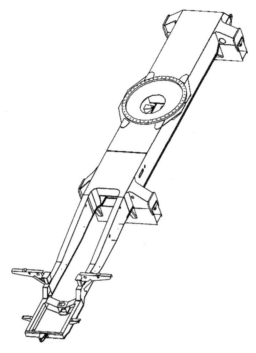

图 4-48 车架

车架前段为槽形梁结构，如图 4-49（a）所示，由第一横梁、左右前小纵梁、第二横梁、左右纵梁、驾驶室支撑、吊臂支架等焊接而成。它在起吊重物时不起直接作用，但由于其上安装固定有驾驶室、发动机系统、转向系统等零部件，车架前段除了要承受各种部件的自重，还要承受转向时的扭转变形等。

车架后段即车架主体部分采用倒凹字形薄壁封闭大箱形结构，如图 4-49（b）所示，主要由上盖板、左右腹板、槽形下盖板等组成大箱形结构。其承受着起重机的自重、吊重和相应的转矩。为加强其抗扭刚度，中间还加了横向的立板和筋板，为保证回转支承的刚性，转台部位加设多块纵向和横向的筋板和斜撑板。根据理论和实践得知，转台座圈与上盖板连接处周围为应力较大处。

前后固定支腿箱在起重机起吊重物时起支承整车和重物的作

用，其除了承受垂直的作用力外，还承受上部转台回转时的转矩。它主要由上下盖板、侧板、加强板及油缸支架等组成。

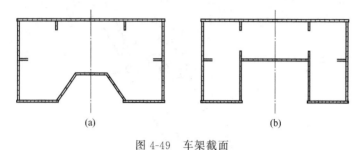

(a)   (b)

图 4-49　车架截面

第5章
汽车吊液压系统

汽车起重机液压系统由油泵、支腿操作阀、上车多路阀、回转、伸缩、变幅、起升（主、副）等油路组成。不同的车型，其液压系统构造也有所差别。

5.1 汽车吊液压系统的功能与组成

5.1.1 液压系统概述

（1）液压系统功能

利用液压泵将原动机的机械能转化为液体的压力能，通过液体的压力能的变化来传递能量，经过各种控制阀和管路的传递，借助液压执行元件（液压缸和液压马达）把液体压力能转化为机械能，从而驱动工作机构，实现直线往复运动和旋转运动。图5-1为液压传动组件。

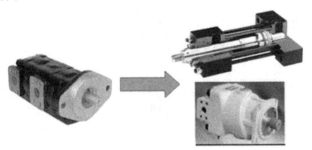

图 5-1　液压传动组件

液压传动是用液体作为工作介质来传递能量和进行控制的传动方式。

（2）液压系统的分类

从不同的角度出发，可以把液压系统分成不同的形式。

按油的循环方式：开式系统、闭式系统。

按系统中的液压泵的数量：单泵系统、双泵系统、多泵系统。

按所用的液压泵的形式：定量泵系统、变量泵系统。

按向执行元件供油方式：串联系统、并联系统。

（3）液压传动的优点

① 单位功率的重量轻。

② 惯性小，启动、制动迅速。

③ 运行过程中可无级调速，且调速范围大。

④ 可轻易实现往复运动。

⑤ 易于实现自动化。

⑥ 易于实现过载保护，工作安全可靠。

⑦ 工作介质具有弹性和吸振能力，传动平稳可靠。

⑧ 可自行实现机件的润滑。

⑨ 液压系统的各种元件可随设备需要任意安排。

5.1.2　起重机液压系统组成

起重机液压系统组成如图 5-2 所示。

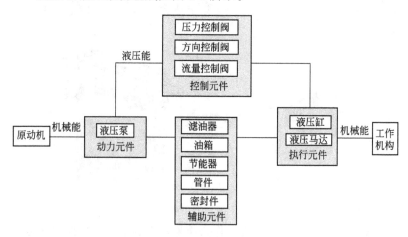

图 5-2　液压系统构成

一个完整的液压传动系统包括五个基本组成部分，见表 5-1。

表 5-1　液压传动系统组成元件

液压元件	功能作用	元件实物图
①动力元件	把机械能转换成液压能的装置，由泵和泵的其他附件组成，最常见的是液压泵，它给液压系统提供压力油	
②控制元件	对液压系统中油液压力、流量、运动方向进行控制的装置，主要是指各种阀	
③执行元件	把液压能转换成机械能带动工作机构做功的装置。它可以是做直线运动的液压缸，也可以是做回转运动的液压马达	
④辅助元件	由各种液压附件组成，如油箱、油管、滤油器、压力表等	

液压元件	功能作用	元件实物图
⑤工作介质	液压系统中用量最大的工作介质是液压油,通常指矿物油	

5.1.3　汽车吊液压系统的构成

汽车吊液压系统分为上车和下车液压系统两部分。下车部分主要指液压支腿系统;而上车部分主要包括起升、伸缩、变幅、回转及转向等液压回路。如图 5-3 所示。

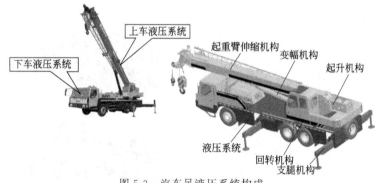

图 5-3　汽车吊液压系统构成

5.2　汽车起重机常用液压回路

汽车起重机除发动机、底盘传动系统外,其工作装置主要是指起升、回转、变幅和伸缩,即汽车起重机的"四大机构"。

汽车起重机常用的液压回路有:起升、伸缩、变幅、回转、支腿及转向等液压系统。这里介绍一些简单而典型的液压回路,如图 5-4 所示为上车工作机构及液压回路。

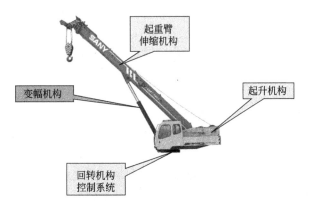

图 5-4　上车工作机构及液压回路

5.2.1　起升机构液压回路及主要结构组件

汽车起重机需要用起升机构，即卷筒-吊索机构实现垂直起升和放下重物。起升机构采用液压马达通过减速器驱动卷筒，如图5-5 所示为一种最简单的起升机构液压回路。当换向阀 3 处于右位

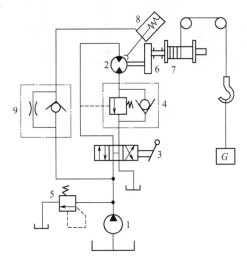

图 5-5　起升机构及液压回路

1—液压泵；2—液压马达；3—换向阀；4—平衡阀；5—溢流阀；

6—减速器；7—卷筒；8—制动液压缸；9—单向节流阀

时，通过液压马达 2、减速器 6 和卷筒 7 提升重物 G，实现吊重上升。而换向阀处于左位时下放重物 G，实现负重下降，这时平衡阀 4 起平稳作用。当换向阀处于中位时，回路实现承重静止。由于液压马达内部泄漏比较大，即使平衡阀的闭锁性能很好，但卷筒-吊索机构仍难以支撑重物 G。如要实现承重静止，可以设置常闭式制动器，依靠制动液压缸 8 来实现。

在换向阀右位（吊重上升）和左位（负重下降）时，液压泵 1 压出液体同时作用在制动缸下腔，将活塞顶起，压缩上腔弹簧，使制动器闸瓦拉开，这样液压马达不受制动。换向阀处于中位时，液压泵卸荷，压出口接近零压，制动缸活塞被弹簧压下，闸瓦制动液压马达，使其停转，重物 G 就静止于空中。如图 5-6 所示为换向阀。

图 5-6　换向阀

某些起升机构要求开始举升重物时，液压马达产生一定的驱动力矩，然后制动缸才彻底拉开制动闸瓦，以避免重物 G 在马达驱动力矩充分形成前向下溜滑。所以在通往制动缸的支路上设单向节流阀 9，由于阀 9 的作用，拉开闸瓦的时间放慢，有一段缓慢的动摩擦过程；同时，马达在结束负重下降后，换向阀 3 回复中位，阀 9 允许迅速排出制动缸下腔的液体，使制动闸瓦尽快闸住液压马达，避免重物 G 继续下降。如图 5-7 所示为液压马达及平衡阀。

5.2.2　伸缩臂机构液压回路及主要结构组件

伸缩臂机构是一种多级式伸缩起重臂伸出与缩回的机构。如图

5-8 所示为伸缩臂机构液压回路。臂架有三节，Ⅰ是第一节臂或称基臂；Ⅱ是第二节臂；Ⅲ是第三节臂；后一节臂可依靠液压缸相对前一节臂伸出或缩进。

图 5-7　液压马达及平衡阀

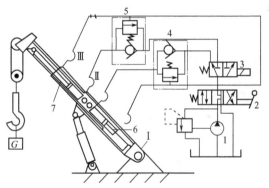

图 5-8　伸缩臂机构液压回路

1—液压泵；2—手动换向阀；3—电磁阀；
4、5—平衡阀；6、7—液压缸

　　三节臂只要两只液压缸：液压缸 6 的活塞与基臂Ⅰ铰接，而其缸体铰接于第二节臂Ⅱ，缸体运动，Ⅱ相对Ⅰ伸缩；液压缸 7 的缸体与第二节臂Ⅱ铰接，而其活塞铰接于第三节臂Ⅲ，活塞运动使Ⅲ相对于Ⅱ伸缩。

　　第二和第三节臂是顺序动作的，对回路的控制可依次做如下操作。

① 手动换向阀 2 左位，电磁阀 3 也左位，使液压缸 6 上腔压入液体，缸体运动将第二节臂Ⅱ相对于基臂Ⅰ伸出，第三节臂Ⅲ则顺势被第二节臂Ⅱ托起，但对Ⅱ无相对运动，此时实现举重上升。

② 手动换向阀仍左位，但电磁换向阀换右位，液压缸 6 因无液体压入而停止运动，臂Ⅱ对臂Ⅰ也停止伸出，而液压缸 7 下腔压入液体，活塞运动将Ⅲ相对于Ⅱ伸出，继续举重上升。连同上一步序，可将三臂总长增至最大，将重物举升至最高位。

图 5-9　伸缩平衡阀

③ 手动换向阀换为右位，电磁换向阀仍为右位，液压缸 7 上腔压入液体，活塞运动臂Ⅲ相对于Ⅱ缩回，为负重下降，故此时需平衡阀 5 作用。

④ 手动换向阀仍右位，电磁换向阀换左位，液压缸 6 下腔压入液体，缸体运动将Ⅱ相对于Ⅰ缩回，亦为负重下降，需平衡阀 4 作用。

如不按上述次序操作，可以实现多种不同的伸缩顺序，但不可出现两个液压缸同时动作。伸缩臂机构可有不同的方法，如不采用电磁阀而用顺序阀、机械结构等方法实现多个液压缸的顺序动作，还可以采用同步措施实现液压缸的同时动作。如图 5-9、图 5-10 所示为伸缩平衡阀和电磁换向阀。

5.2.3　变幅机构液压回路及主要结构组件

变幅机构在起重机、挖掘机和装载机等工程机械中，用于改变臂架的位置，增大主机的工作范围。最常见的液压变幅机构是用双作用液压缸作液动机，也有的采用液压马达和柱塞缸。如图 5-11 所示为双作用液压缸变幅回路。

液压泵 1 承受重物 G 与臂架重量之和的分力作用，因此，在一般情况下应采用平衡阀 3 来达到负重匀速下降的要求，如图 5-11（a）所示。但在一些对负重下降匀速要求不很严格的场合，可以采

图 5-10　电磁换向阀

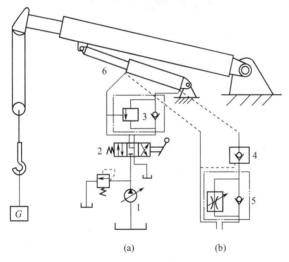

(a) (b)

图 5-11　双作用液压缸变幅回路

1—液压泵；2—手动换向阀；3—平衡阀；4—液控单向阀；
5—单向节流阀；6—液压缸

用液控单向阀 4 串联单向节流阀 5 来代替平衡阀，如图 5-11（b）所示。其中液控单向阀 4 的作用有：一是在承重静止时锁紧液压缸 6；二是在负重下降时泵形成一定压力打开控制口，使液压缸下腔排出液体而下降。但阀 4 却没有平衡阀使液压缸匀速下降的功能，这种功能由单向节流阀5来实现。由于节流阀形成足够压力的动态过程时间较长，所以实际上液压缸在相当长时间内加速下降，然后才实现匀速，这一点就不如平衡阀性能好。变幅油缸及平衡阀见图5-12。

图 5-12　变幅油缸及平衡阀

5.2.4　回转机构液压回路及主要结构组件

为了使工程机械的工作机构能够灵活机动地在更大范围进行作业，就需要整个作业架做旋转运动。回转机构就可以实现这种目的。回转机构的液压回路如图 5-13 所示。

液压马达5通过小齿轮与大齿轮的啮合，驱动作业架回转。整个作业架的转动惯量特别大，当手动换向阀2由上或下位转换为中位时，A、B口关闭，马达停止转动。但液压马达承受的巨大惯性力矩使转动部分继续前冲一定角度，压缩排出管道的液体，使管道压力迅速升高。同时，压入管道的液源已断，但液压马达前冲使管道中液体膨胀，引起压力迅速降低，甚至产生真空，这两种压力变化如果很激烈，将造成管道或液压马达损坏。因此，必须设置一对缓冲阀3、4。当换向阀的 B 口连接管道为排出管道时，阀 4 如同安全阀那样，在压力突升到一定值时放出管道中的液体，又进入与A 口连接的压入管道，补充被液压马达吸入的液体，使压力停止下降，或减缓下降速度。所以对回转机构液压回路来说缓冲补油是非常重要的。

回转机构采用两级缓冲，能在较大的范围吸收回转冲击。在高速回转时通过背压阀以及大阻尼减速，到低速时再通过小阻尼平稳制动，从而使回转平稳、无冲击。回转机构及缓冲阀如图 5-14 所示。

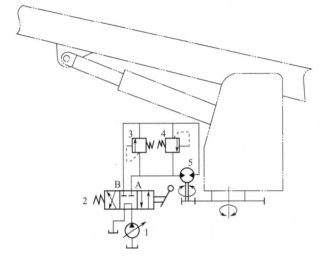

图 5-13　回转机构液压回路
1—液压泵；2—手动换向阀；
3、4—缓冲阀；5—液压马达

图 5-14　回转机构及缓冲阀

5.2.5　支腿机构液压回路及主要结构组件

对轮胎式工程机械来说，为了扩大作业面积和增加整体稳定性，需要在车架上向轮胎外侧伸出支腿，将整体支撑起来，使重心可以在轮胎覆盖范围以外、支腿覆盖范围以内变化。支腿种类有蛙式、H式、X式和辐射式等。这里仅以H式支腿的一种液压回路为例，说明回路的一些特点。H式支腿由四组液压缸组成，每组包括一个水平缸和一个垂直缸。水平液压缸将支腿推出轮胎覆盖范围，用垂直液压缸将车架顶起，使轮胎从地面抬起不再支撑车架，这样整体就在支腿机构的支撑下进行作业。

图5-15所示为这种机构的液压回路。手动换向阀2控制四个水平液压缸5的伸缩。在水平缸动作时，支腿机构尚未起作用，轮胎未离开地面，负载阻力不大，而且只要伸到适当位置即可，所以水平液压缸的控制很简单。

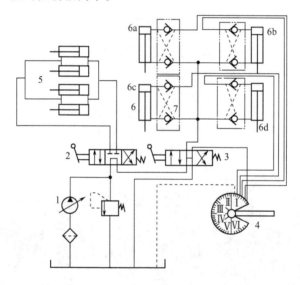

图 5-15　支腿机构液压回路
1—液压泵；2、3—手动换向阀；4—六位六通转阀；
5—水平缸；6—垂直缸；7—双向液压锁

手动换向阀3控制四个垂直液压缸6的升降。4个垂直液压缸的升程应能使车架整体保持一定的高度，所以需要司机操作车架调平用的六位六通转阀4。转阀在Ⅰ位时，同时控制四个液压缸，在Ⅱ、Ⅲ、Ⅳ、Ⅴ位时，分别控制液压缸6a、6b、6c、6d，而在Ⅵ

位时，4 个液压缸都无液体进出，这时支腿将车架支撑在理想的作业位置。若地面高低不平，操作调平转阀，调节 4 个垂直液压缸的升程，使车架保持水平。4 个双向液压锁 7 分别控制一个垂直缸，当支腿支撑车架静止时，垂直液压缸上腔液体承受重力负载，为了避免车架沉降，故需要用连通上腔的液控单向阀起锁紧作用，防止俗称的"软腿"现象。当轮胎支撑车架时，垂直液压缸下腔液体承受支腿本身的重量，为了避免支腿降到地面，防止俗称的"掉腿"现象，故需要用连通下腔的液控单向阀起锁紧作用。支腿机构液压结构组件如图 5-16 所示。

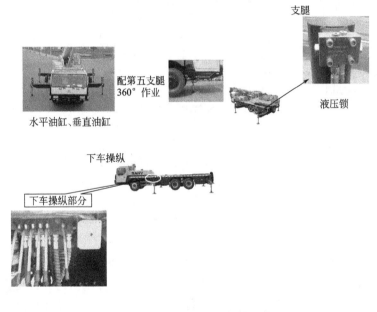

图 5-16　支腿机构液压结构组件

5.3　汽车吊液压控制系统

目前液压控制方式有手动和液控两种。其中 QY16A、QY25A 为手动控制方式，QY16、QY25、QY50 为液控方式，吨位大的，都采用液控方式。下面分别介绍手动控制和液控方式。

5.3.1 手动控制方式

QY16A、QY25A 液压系统原理基本一致，如图 5-17 所示。

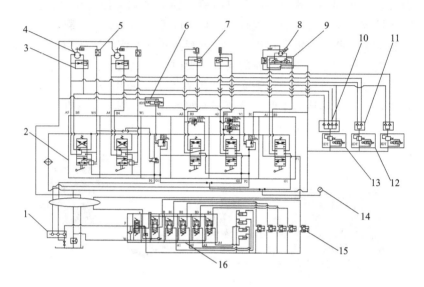

图 5-17　QY16A、QY25A 液压原理

1—三联齿轮泵；2—上车多路阀；3—卷扬平衡阀；4—卷扬马达；
5—单向节流阀；6—电磁阀；7—变幅平衡阀；8—回转马达；
9—回转缓冲阀；10、11—单向阀组；12、13—电磁溢流阀；
14—压力表；15—双向液压锁；16—下车多路阀

油泵为 63/50/32 三联泵。其中 63 泵向变幅、伸缩机构供油。当变幅和伸缩机构不工作的时候，63 和 50 双泵合流向起升机构供油。32 泵向下车支腿操作阀供油。当下车支腿阀在中位的时候，该泵向回转机构供油。

(1) 下车液压系统

目前，QY16、QY16A、QY25、QY25A、QY50 下车液压系统构造基本一致（图 5-18）。下车多路阀为六联多路阀组，其中第一片（从左到右）为总控制阀，二～六为选择阀。分别选择水平或垂直位置（操作杆上抬为水平，下压为垂直）。

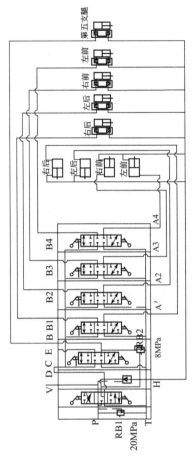

图 5-18　下车多路阀原理

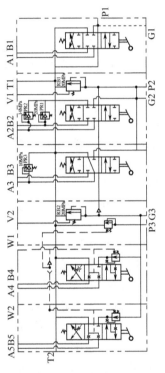

图 5-19　上车多路阀原理

当选择阀处于水平（垂直）位置时，操作第一片阀，可以实现水平（垂直）油缸的伸出与缩回（上抬为缩回、下压为伸出）。支腿操作可以联动，也可以单独操作，实现动作的微调。多路阀中设有安全阀 RB1 以及 RB2。RB1 的设定压力为 20MPa，其作用是限制供油泵的最高压力，对系统起保护作用。RB2 作用是限制第五支腿的伸出的最高压力，保护底盘大梁，防止其受力过大而变形损坏。

在测压口装有测压接头，可以快速将测压工具装上，检测系统压力。

当操作阀在中位时，32泵通过V口向上车回转机构供油。

在垂直油缸上装有双向液压锁，作用是防止行驶时由于重力作用活塞杆伸出以及在作业时油缸回缩。

（2）上车液压系统

上车液压系统由五联多路阀控制卷扬（主副）、变幅、伸缩、回转五条油路，从左到右依次是主卷扬、副卷扬、变幅、伸缩、回转五个阀片。

其原理如图5-19所示，在多路阀中设置了两个溢流阀，压力调定为22MPa。卷扬进油口设置了定差减压阀，保证主副卷扬同时动作。压力补偿阀作用是在中位时液压油通过该阀回油，当卷扬机构工作时该阀会根据反馈压力的大小，将该阀关闭，使压力油参与工作。

在变幅机构下降侧设置有二次溢流阀，压力10MPa。

在伸缩片上设置有两个二次溢流阀，伸侧调定压力14MPa，为了防止吊臂伸臂压力高，对伸缩油缸起保护作用。缩臂侧压力调定20MPa，其作用是使吊臂缩臂平稳。

① 卷扬油路原理如图5-20所示。

主、副卷扬油路相同，在起升侧装有平衡阀，当起升时压力油通过平衡阀中的单向阀给马达供油，实现重物的起升。当下降时高压油打开平衡阀中的顺序阀，通过顺序阀回油。

其作用是防止重力失速，起平衡限速作用。

卷扬机构上装有长闭制动器，当卷扬机构工作时，通过多路阀的K口取压，开启制动器。在制动器油路上装有单向节流阀，作用是使制动器缓慢开启，快速关闭。

② 变幅油路原理如图5-21所示。在无杆腔侧装有平衡阀，其作用是防止在落幅时失控。在有杆腔和无杆腔装有压力传感器，给力矩限制器提供压力信号。

③ 伸缩油路，如图5-22所示。在无杆腔装有平衡阀，作用是防止缩臂时失控。

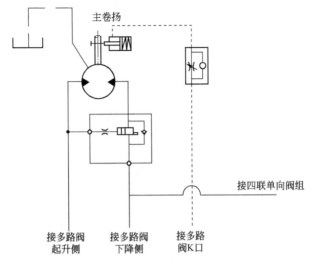

主卷扬

接四联单向阀组

接多路阀
起升侧

接多路阀
下降侧

接多路
阀K口

图 5-20　卷扬油路原理

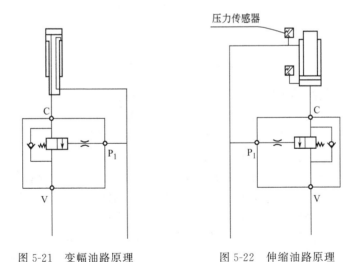

压力传感器

图 5-21　变幅油路原理

图 5-22　伸缩油路原理

④ 回转油路原理如图 5-23 所示。

回转油路由回转马达、回转缓冲装置以及制动器控制油路
组成。

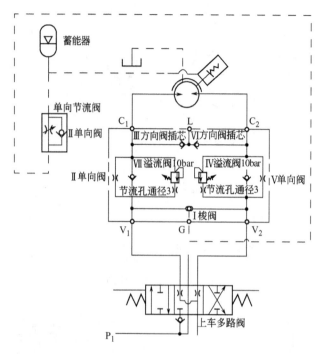

图 5-23 回转油路原理

回转缓冲阀作用是在制动停止时为马达补油，防止回转马达吸空以及延缓回转马达的制动时间，起到回转缓冲作用。控制油路中通过蓄能器和单向节流阀的作用延缓制动器的制动时间，与回转缓冲阀相互配合，使回转柔和制动，避免回转制动冲击。

⑤ 安全保护四联单向阀组分别接主副卷扬起升、变幅、伸臂。如图 5-24 所示，当出现危险信号时，1DT 通电，危险动作油路卸荷，动作停止，只能向安全方向操作。两联单向阀组 1 接主、副卷扬下降侧。当卷扬上钢丝绳剩下三圈时，2DT 通电，动作停止。两联单向阀组 2 接伸缩臂，当吊臂伸缩超过设定值时，3DT 通电，吊臂伸缩动作停止。

5.3.2 液动控制方式

液动控制方式主油路与手动控制大体相同，只是增加控制油路，安全保护油路设置在控制油路中。这里主油路不再介绍。

控制油路的压力源通过齿轮泵或者油源块提供。控制油路原理如图 5-25 所示。

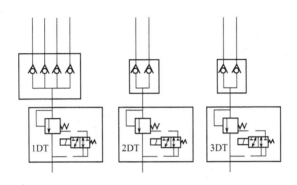

图 5-24　安全保护油路

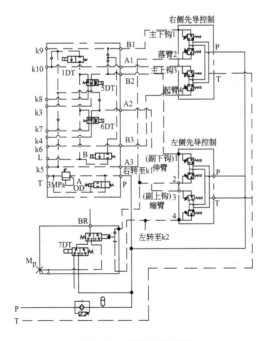

图 5-25　控制油路原理

组成：中压过滤器、蓄能器、回转控制阀块、左右先导手柄。

① 中压过滤器：起过滤作用，保护后端元件液压油不被污染，提高工作可靠性。

② 蓄能器：吸收压力峰值，减少压力冲击，使工作压力平稳。蓄能器充氮压力为 0.15MPa。

③ 回转先导控制阀块：该阀由一个二位三通电磁阀、一个液控阀、一个梭阀组成。

BR 口接回转制动器，当操作左侧先导手柄时，压力油经过先导手柄减压后分成两路，一路到主多路阀控制口，推动主阀芯，另一路通过梭阀将液控二位三通阀换向，进入制动器，开始回转动作。

二位三通电磁阀的作用是提供自由滑转动作制动器开启压力。当按下自由滑转开关后，使该电磁阀换向，压力油进入制动器，打开制动器，实现自由滑转。

④ 先导手柄：实际上就是一个减压阀，按与主阀的开启曲线匹配输出 5～20.9bar 的控制压力，使主阀有比例特性地开启。控制阀块如图 5-26 所示。

该阀是一个插件集成块，A_i、B_i 为液控手柄输入方向；k_i 为输出方向。

0DT 是一个二位二通电磁阀，不工作的时候，压力油直接通过该阀回油箱，目的是防止误操作。当工作的时候，合上控制面板上的主令开关，该电磁阀通电，阀换向，将压力油切断，压力油经过溢流阀回油。溢流阀的主要作用是提供 3MPa 的油源供回转控制阀块和控制手柄使用。

B1 是主卷扬下降方向的输入口，在阀体内分成两路，一路到 k9，另一路经过单向阀到电磁阀 B。当电磁阀 B 接到电信号时电磁阀换向，将信号油卸荷，下降动作自动停止。

A1 是主卷扬起升方向的输入口，同样在该油路上并联一个单向阀到电磁阀 1DT，当有过载信号（高度限位、力矩限制）输入时，电磁阀换向，将信号油卸荷，5DT、6DT 是二位四通电磁阀，起切换作用，在不通电的情况下，B2 到 k2（伸臂），A2 到 k4（缩臂），当通电后切换为副卷扬的落钩和起钩。

B3 为起幅输入口，A3 为落幅输入口。

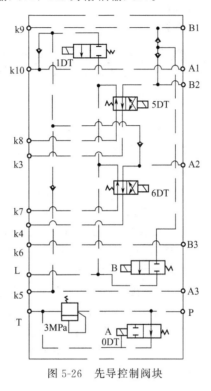

图 5-26　先导控制阀块

第6章
汽车吊电气控制系统

汽车吊电气设备的特点是低压、直流、单线制、负极搭铁和并联。"低压"指电气系统的电压等级采用12V和24V两种（标称电压），它是从每单格蓄电池按2V电压计算所得到的数值，并不是电气系统的额定工作电压。12V用于装有小功率柴油机的汽车吊上，24V一般用于大中功率的柴油机汽车吊上。为了使汽车吊在工作时，发电机能对蓄电池充电，汽车吊电气系统的额定电压为14V和28V。"直流"指启动机为直流电动机，必须由蓄电池供电，而蓄电池电能不足必须用直流电来充电。"单线制"指从电源到用电设备之间只用一条导线连接，而另一条导线则由金属导体制成的发动机机体和汽车吊车身构成闭合电路的接线方式。"负极搭铁"指采用单线制时，蓄电池的负极必须用导线接到车体上，电气设备与车体的连接点称为搭铁点，即：具有正负极的电气设备，统一规定为负极搭铁。"并联"指汽车吊所有用电设备都是并联的。

6.1　底盘电气控制系统

底盘电气控制系统包括驾驶室电气系统，发动机、变速箱电气系统，以及侧标志灯、尾灯电气系统。

6.1.1　驾驶室电气系统

对于底盘电气系统来说，驾驶室电气系统就是一个神经中枢，主要包括仪表及报警装置、开关装置、空调暖风装置、照明装置、信号装置、继电器及保险装置等。

以下主要就仪表及报警装置、开关装置、照明装置及信号装置做简单介绍。

（1）汽车仪表及报警装置

为了使驾驶员能够随时掌握汽车及各系统的工作情况，在汽车驾驶室的仪表板上装有各种指示仪表及报警装置，如图 6-1 所示。

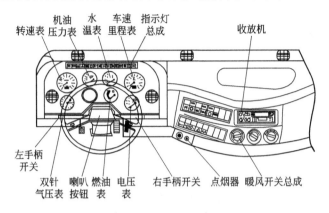

图 6-1　驾驶室的仪表板

① 车速里程表。车速里程表是由指示汽车行驶速度的车速表和记录汽车所行驶距离的里程计组成的，两者的信号取自变速箱输出端传感器。车速表上指针指示值为车辆行驶速度（km/h），下部数值为车辆累计行驶里程。

② 机油压力表及机油低压报警装置。机油压力表是在发动机工作时指示发动机润滑系主油道中机油压力大小的仪表。它包括油压指示表和油压传感器两部分。

机油低压报警装置在发动机润滑系主油道中的机油压力低于正常值时，对驾驶员发出警报信号。机油低压报警装置由装在仪表板上的机油低压报警灯和装在发动机主油道上的油压传感器组成。

③ 燃油表及燃油低油面报警装置。燃油表用以指示汽车燃油箱内的存油量。燃油表由燃油面指示表和油面高度传感器组成。

燃油低油面报警装置的作用是在燃油箱内的燃油量少于某一规定值时立即发亮报警，以引起驾驶员的注意。

④ 水温表及水温报警灯。水温表的功用是指示发动机汽缸盖水套内冷却液的工作温度。

水温报警灯能在冷却液温度升高到接近沸点（例如 98～102℃）时发亮，以引起驾驶员的注意。

⑤ 发动机转速表。转速表由指示发动机转速的转速表和记录发动机累计运转时间的时间计组成，两者的信号取自飞轮壳转速传感器。

转速表上指示值为发动机转速（r/min），即指每分钟发动机转数，下部数值为发动机累计运转小时数。

⑥ 电压表。电压表用来指示电瓶电压的大小。当钥匙开关处于 ON 的位置时，该表就工作。

（2）开关装置

为了驾驶员方便及保证汽车行驶安全，在驾驶室内装有各种操纵开关，用以控制汽车上所有用电设备的接通和停止。对开关的要求是坚固耐用、安全可靠、操作方便、性能稳定。

① 点火开关（图 6-2）。点火开关是汽车电路中最重要的开关，是各条电路分支的控制枢纽，是多挡多接线柱开关。

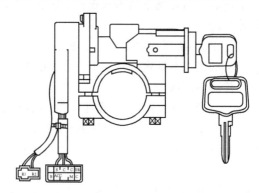

图 6-2　点火开关

其主要功能是：锁住转向盘转轴（LOCK），接通点火仪表指示灯（ON 或 IG）、启动（ST）挡、附件挡（ACC 主要是收放机专用）。其中启动挡控制发动机启动，在操作时必须用手克服弹簧力，扳住钥匙，一松手就弹回 ON 挡，不能自行定位，其他挡位均可自行定位。

②组合开关（图 6-3）。多功能组合开关将照明开关（前照明开关、变光开关）、信号（转向、超车）开关、刮水器/洗涤器开关、排气制动开关等组合为一体，安装在便于驾驶员操纵的转向柱上。

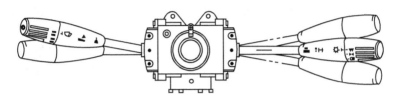

图 6-3　组合开关

③翘板开关组合。除了组合开关外，在驾驶室仪表台上设计了翘板开关组合，用以控制蓄电池电源、取力操纵、雾灯空调等开启关闭等。

(3) 汽车照明装置及信号装置

为了保证汽车行驶安全和工作可靠，在现代汽车上装有各种照明装置和信号装置，用以照明道路，标示车辆宽度，照明驾驶室内部及仪表指示和夜间检修等。此外，在转弯、制动和倒车等工况下汽车还应发出光信号和音响信号。

照明装置介绍如下。

a. 装在车身外部的照明装置。前大灯是汽车在夜间行驶时照明前方道路的灯具，它能发出远光和近光两种光束。

远光在无对方来车的道路上，汽车以较高速度行驶时使用。远光应保证在车前 100m 或更远的路上得到明亮而均匀的照明。

近光则在会车时和市区明亮的道路上行驶时使用。会车时，为了避免使迎面来车的驾驶员目眩而发生危险，前大灯应将强的远光转变成光度较弱而且光束下倾的近光。

前大灯可分为二灯式和四灯式两种。前者是在汽车前端左右各装一个前大灯；而后者是在汽车前端左右各装两个前大灯。

后灯的玻璃是红色的，便于后车驾驶员判断前车的位置而与之保持一定距离，以免当前车突然制动时发生碰撞。后灯一般兼作照明汽车牌照的牌照灯，有的汽车牌照灯是单装的，它应保证夜间在车后 20m 处能看清牌照号码。

经常在多雾地区行驶的汽车还应在前部装置光色为黄色的雾灯。

b. 装在车内部的照明装置。车身内部的照明灯特别要求造型美观、光线柔和悦目。

为满足夜间在路上检修汽车的需要，车上还应备有带足够长灯线的工作灯，使用时临时将其插头接入专用的插座中，该插座在熔断器盒上。

驾驶室的仪表板上有仪表板照明灯。仪表板照明灯为蓝色背光、LED 灯。

6.1.2 发动机、变速箱电气系统

(1) 发动机电气系统

发动机（柴油机）电气系统包括蓄电池、发电机、启动机、传感器、熄火电磁铁（或熄火电磁阀）及油门开关等。进口汽车及国内欧Ⅲ发动机普遍采用了 ECM 电子控制发动机点火喷油、启动等，这里不作叙述。

① 蓄电池。蓄电池是一种储能元件，它能够把电能转换为化学能贮存在蓄电池内，此过程叫充电；在需要时它又能把化学能转换为电能释放出来，此过程叫放电。在内燃机车辆中，当发动机未发动或怠速运转时，汽车吊上所有用电设备都由蓄电池供电，虽然车辆上发电机已发电，但发电机电压不足或过载时，蓄电池作为补充电源和发电机共同向用电设备供电。当发动机正常工作时，汽车吊上的用电设备将全部由发电机供电，此时的蓄电池也接受发电机充电。

a. 蓄电池的功用。

• 在启动期间，它为启动系统、点火系统、电子燃油喷射系统和汽车的其他电气设备供电。

• 当发动机停止运转或低怠速运转的时候，由它给汽车用电设备供电。

• 当出现用电需求超过发电机供电能力时，蓄电池也参加供电。

• 蓄电池起到了整车电路的电压稳定器的作用，能够缓和电路中的冲击电压，保护汽车上的电子设备。

• 在发电机正常工作时，蓄电池将发电机发出的多余的电能存储起来进行充电。

b. 蓄电池的组成。蓄电池由正极板、负极板、隔板、电解液、电池盖板、加液孔盖和电池外壳组成，如图 6-4 所示。

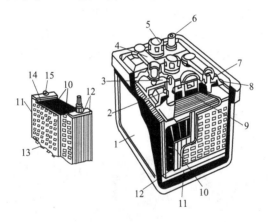

图 6-4　蓄电池结构

1—蓄电池外壳；2—封闭环；3—正极桩；4—连接条；5—加液孔盖；
6—负极桩；7—电池盖；8—封料；9—护板；10—隔板；11—负极板；
12—正极板；13—支承凸起；14—模板；15—连接桩

② 发电机。汽车上虽然有蓄电池作为电源，但由于蓄电池的存电能力非常有限，它只能在启动汽车或汽车发动机不工作时为汽车提供电能，而不能长时间为汽车供电，因此蓄电池只能作为汽车的辅助电源。

在汽车上，发电机是汽车的主要能源，其功用是在发动机正常运转时，向所有用电设备（启动机除外）供电，同时给蓄电池充电。

目前汽车普遍采用三相交流发电机，内部带有二极管整流电路，将交流电整流为直流电，同时交流发电机配装有电压调节器。电压调节器对发电机的输出电压进行控制，使其保持基本恒定，以满足汽车用电器的需求。

目前，一种新型交流发电机开始广泛应用在各种车辆上。这种新型交流发电机采用内装式风扇、内装式调节器和八管制全波整流器，具有结构紧凑等特点。具体结构见图6-5。以此为例，做以下介绍。

交流发电机的功用：在发电机正常工作情况下，发电机除对点火系及其他用电设备供电外，还对车上蓄电池充电。

交流发电机的组成：三相同步交流发电机由转子总成、定子总成、传动带轮、风扇、前后端盖及电刷等部件组成，如图6-5所示。

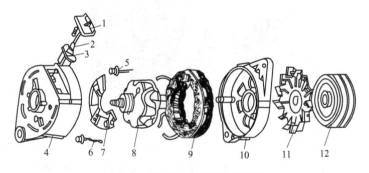

图6-5　JF132型交流发电机组件

1—电刷弹簧压盖；2—电刷；3—电刷架；4—后端盖；5—硅二极管（正）；
6—硅二极管（负）；7—散热板；8—转子；9—定子总成；10—前端盖；
11—风扇；12—带轮

a. 结构特点。

•转子：转子为转向式，转子两侧安装有风扇，通风效果好。

•端盖：端盖除支撑发电机转子和用来安装固定发电机外，在前、后端盖上还设计了许多孔，用来改善冷却性能，整流器、电刷架、集成电路调节器等均用螺钉固定在后端盖上。

• 定子：定子是由定子线圈和定子铁芯组成，和定子前端盖组成一个整体，使定子产生的任何热量都由前端盖传导，大大改善了冷却特性。

• 整流器：整流器是由八个硅二极管紧凑地组成一个整体，为了耗散输出电流引起的发热，在整流器表面设计有散热筋，用来改善散热性能。

• 集成电路调节器：集成电路调节器装在交流发电机内部，它是由集成电路和混合电路组合成一个单块整体。采用混合电路的原因是半导体集成电路对集成大容量的电容和电阻比较困难。

b. 发电电路。

如图 6-6 所示，启动开关接通时，控制电流：蓄电池＋→发电机 B 端子→启动开关 B 端子→启动开关 C 端子→启动马达 S 端子→车架→蓄电池。

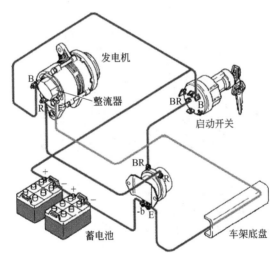

图 6-6　发电电路

启动强电流：蓄电池＋→启动马达 B 端子→车架→蓄电池－。充电电路电流：发电机 B 端子→启动开关 B 端子→蓄电池＋→蓄电池－→车架→发电机 E 端子。

③ 启动机。要使发动机从静止状态过渡到工作状态，必须使

用外力转动发动机的曲轴，使汽缸内吸入（或形成）可燃混合气并燃烧膨胀，工作循环才能自动进行。启动机的功用是：利用启动机将蓄电池的电能转换为机械能，再通过传动机构将发动机拖转启动。

启动机由三个部分组成。

• 直流串励式电动机，其作用是产生转矩。

• 传动机构（或称啮合机构），其作用是：在发动机启动时，使发动机驱动齿轮啮入飞轮齿环，将启动机转矩传给发动机曲轴；而在发动机启动后，使驱动齿轮打滑，与飞轮齿环自动脱开。

• 控制装置（即开关），用来接通和切断启动机与蓄电池之间的电路。

a. 启动电路。电动机启动是以蓄电池为能源，由电动机把电能转换为机械能，通过齿轮副使发动机旋转，实现发动机启动，此法为大多数机动车采用。启动电路及组成如图 6-7 所示。

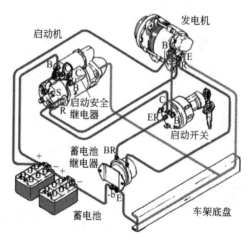

图 6-7　启动电路

b. 启动机的功用与组成。启动机一般由三部分组成，如图 6-8 所示。

启动机的功用如下

• 直流串动式电动机功用是产生转矩。

• 传动机构功用是在发动机启动时，使启动机驱动齿轮啮入飞轮齿圈，将启动机的转矩传给发动机曲轴，而发动机启动后，使驱动齿轮打滑与飞轮齿圈自动脱开。

• 控制装置用来接通和切断电动机与蓄电池之间的电路。

启动电机由直流电动机、操纵机构和离合器机构三部分组成。

c. 启动机使用注意事项。

• 每次连续工作时间不能超过

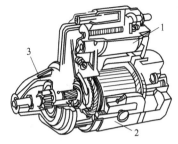

图 6-8　启动机的结构
1—电磁开关（控制装置）；2—直流
电动机；3—传动机构

5～15s，如果一次不能启动发动机需再次启动时，应停歇 2～3min，否则将引起电动机线圈过热，对蓄电池工作也不利。

• 启动机是在低电压大电流情况下工作，导线截面要足够粗，各接点要接触紧固，否则因附加电阻增大而使启动机不能正常工作。

• 启动机必须安装紧固可靠，和发动机飞轮应保持平行。

• 启动机要配用足够容量的蓄电池，否则会造成启动机功率不足，而不能正常启动发动机。

• 严禁在发动机工作或尚未停转时接通启动开关，以防驱动齿轮与飞轮齿环发生剧烈冲击，而造成齿轮副损坏。

• 发动机启动后应立即松开启动按钮，使驱动齿轮与飞轮齿轮及时脱离，以减少离合器的磨损。

• 冬季启动发动机时应采取预热措施，加装预热装置，以加热进入汽缸的混合气体，冷却水和润滑油。常用的预热装置有以下几种。

电热塞：电热塞安装在柴油机汽缸盖上，每缸一个，加热汽缸内的混合气体。

热胀式电火焰预热器：该预热器通常安装在发动机的进气歧管上，由油路和电路两部分组成。预热器不工作时，其阀门闭死，油箱受热伸长，使阀门打开，燃油流入阀体受热汽化成雾状，喷离阀体后即被炽热的电阻丝点燃，形成 200mm 左右的火焰，预热进入进气管的空气，便于柴油机启动。当电路切断后，温度下降，阀体收缩，阀自动闭死，油路被切断。

④ 传感器。为了便于驾驶员随时了解发动机运行状况，在驾驶室里设置了发动机机油压力表和发动机水温表及压力过低、水温过高报警指示灯，其传感器安装在发动机上。

a. 机油压力传感器：安装在发动机主油道上，用来检测和显示发动机主油道的机油压力大小，以防因缺机油而造成拉缸、烧瓦的重大故障发生。

b. 水温传感器：安装在发动机汽缸盖或缸体的水套上，用来检测和显示发动机水套中冷却液的工作温度，以防因冷却液温度过高而使发动机过热。

另外，目前轿车、一些卡车采用的电子控制喷油发动机，其传感器还包括曲轴位置传感器、进气压力传感器等，利用传感器感应来控制发动机喷油时间。

(2) 变速箱电气系统

变速箱电气系统包括空挡开关、倒挡开关、超速传感器、里程表传感器等，自动变速箱包括 ECU、电磁阀等，驾驶员在驾驶室里采用电子开关就可以控制换挡。有时变速箱还附带了取力器，在取力器上采用了取力传感器。

① 空挡开关：当变速箱置于空挡时，空挡开关接通。一般情况下，空挡开关是作为发动机启动保护用，即变速箱只能在空挡位置时，发动机才能启动。减小发动机启动负载，防止启动时产生意外情况。

② 倒挡开关：当变速箱置于倒挡时，倒挡开关接通，这时车辆尾部的倒车灯点亮，同时倒车蜂鸣器间歇鸣叫或语音提示，提醒车辆后部的车辆或行人注意倒车。

③ 里程表传感器：安装在变速箱输出轴连接的蜗轮蜗杆上，该传感器由里程表附带，用来检测车辆的行驶速度，它是利用霍尔原理感应，把信号传输给车速里程表，以便于驾驶员了解和控制车辆行驶速度。

（3）辅助装置

　　① 启动辅助装置。电流流经预热塞使其顶端烧灼，点燃喷射的燃油，带状电加热器使冷空气在进入汽缸之前得到预热，见图 6-9。

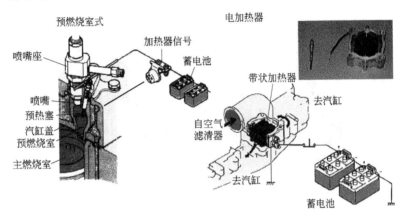

图 6-9　启动辅助装置

　　② 熔丝。熔丝用于对局部电路进行保护，按形状可分为丝状、管状和片状，如图 6-10、图 6-11 所示。

图 6-10　熔丝

　　熔丝能承受长时间的额定电流负载。在过载 25% 的情况下，约在 3min 内熔断；而在过载一倍的情况下，则不到 1s 就会熔断。熔丝的熔断时间，包括两个动作过程，即熔体发热熔化过程和电弧熄灭过程。这两个过程进行的快慢，决定于熔丝中流过的电流值的大小和本身的结构参数。很明显，当电流超过额定值倍数较大时，发热量增加，熔丝很快就达到熔化温度，熔化时间大为缩短，反之，在熔丝过载倍数不是很大时，熔化时间将增长。熔丝只能一次作用，每次烧断必须更换。

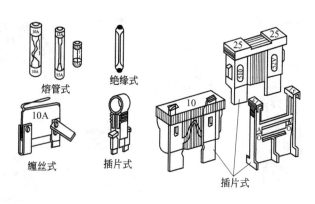

图 6-11 熔丝的种类及形式

熔丝在使用中应注意以下几点。

a. 熔丝熔断后，必须真正找到故障原因，彻底排除故障。

b. 更换熔丝时，一定要与原规格相同。

c. 熔丝支架与熔丝接触不良会产生电压降低和发热现象，安装时要保证良好接触。

6.2 上车电气控制系统

目前，以三一汽车起重机为例，装有智能 SYML 力矩限制器或长沙华德 ACS-700H 智能控制器，下面分别介绍这两种力限器功能、操作、调试和由此构成电气系统的原理。

6.2.1 SYML 力矩限制器和 ACS-700H 智能控制器

(1) SYML 力矩限制器

① SYML 力矩限制器构成、功能简介。SYML 系列力矩限制器包括主机（SYMC）、显示器（SYLD）、长度/角度传感器、油压传感器和高度限位器（可选）等。该系统集力矩限制与控制于一

体，由力矩限制模块、多传感器模块、控制模块、故障诊断与报警显示模块组成，除具有标准力矩限制系统的基本功能外，还具有以下功能。

a. 起重机对带载伸缩限量控制：在该臂段额定起重量的限定百分比及以下吊重时允许伸缩吊臂，因此对吊臂伸缩机构进行了有效的保护。

b. 起重机对极限超载限量控制：当强制超载作业的力矩百分比超出限定值时，吊臂伸、缩，变幅起、落，卷扬升皆不能进行，只保留卷扬降和回转两个动作，因此对起重机实行有效的过载保护。

c. 黑匣子功能：自动记录、存储超载时的工况参数、时刻、过载次数等，存储的数据不可删除和修改，此数据可追踪和查询（授权读取）。

d. 主机防拆卸安全保护功能：用户强行从系统中拆卸 SYMC 主机后，起重机液压系统压力不能建立，不能进行起重作业。

e. 顺序伸缩控制：起重机具有两个伸缩油缸时，SYMC 控制两个伸缩油缸的动作顺序，保证在正常的工况下进行起重作业。

f. 非正常工况误操作的预防：可有效防止误操作引起的折臂事故。

起重机智能控制系统达到了控制器与整车的匹配，整车系统稳定可靠。所增加非正常工况误操作的预防功能、极限超载限量控制功能和带载伸缩限量控制功能，提高起重机的安全性，既满足客户追求效益的要求，同时也保障人机的安全。

② SYML 力矩限制器操作、调试。

a. 使用及说明。使用时，首先打开电源开关，系统在供电电源接通后，会自动进行系统外围和自身状态检测。若无异常，则进入起重机监控状态（即主画面）。进入监控状态后，系统会自动采用"主臂主钩"和"10 倍率"，同时发出三次预警信号。具体操作如下所述。

• 显示界面包括八种形式的页面：主画面，密码登录页面，系统功能选择，长度调整，角度调整，参数调整，信息查询，时间设置。开机默认页面为主画面。

• 显示屏按键依次为 F1～F8。每个按键在不同的画面功能不一样，使用时要参照每个画面对按键功能的定义。主页面如图6-12所示。

• 力矩百分比：利用棒图和百分比数值显示力矩的实际值。

• 实时显示臂长、角度、幅度、额重、实重。

• 显示当前工况，在主臂工况下，显示当前倍率。

• 实时显示故障及报警信息，显示当前时间。

• 工况和倍率的选择：工况由 F2（工况）来切换，每按一次切换一种工况。变化顺序为：主臂主钩、主臂副钩、副臂 0°、副臂 15°、副臂 30°循环。倍率的设置由 F3 来切换，每按一次 F3，倍率加1，到 10 倍率后再按 F3 就又回到 1 倍率。

密码页面如图 6-13 所示。

图 6-12　主页面

图 6-13　密码页面

• 在主画面下，按 F1（菜单）即可进入密码页面。当输入密码正确时，按确认键可进入系统功能页面。当输入密码不正确或没输密码时，连按两下确认键可返回主页面。

系统页面如图 6-14 所示。

当输入密码正确后按 F8（确认）即可进入系统功能页面；系统功能页面主要用于子页面选择，内容包括：长度调整，角度调整，参数调整，信息查询，时间设置。使用 F2（向上）或 F3（向下）来移动光标。按 F8（确认）可进入选择好的页面。

按 F1（返回）可返回主画面。

b. SYML 力矩限制器调试。长度调整如图 6-15 所示。模拟量值是系统采集的实际数值，用户无法修改；按 F2（选择）来选择需要修改的数据（选择到的方框以高亮显示）；先选择调整基本臂长的方框，把起重机缩至基本臂长后输入实际的基本臂长；之后再选择调整全伸臂长的方框。把起重机伸至全伸臂后输入实际的最大臂长；全部修改完成后按 F8（确定）来确定修改。

图 6-14　系统页面

图 6-15　长度调整

如不用修改或确认修改，按 F1（返回）返回到上一页面。角度调整如图 6-16 所示。模拟量值是系统采集的实际数值，用户无法修改；按 F2（选择）来选择需要修改的数据（选择到的方框以高亮显示）。

先选择最小角度的调整，把起重机的臂架角度降到最小，利用精密角度测量仪把测到的实际角度输入方框内。

再选择最大角度的调整，把起重机的臂架角度降到最大，利用精密角度测量仪把测到的实际角度输入方框内。如修改完成，按 F8（确定）来确定修改；如不用修改或确认修改后，按 F1（返回）返回到上一页面。

准备好一个较大吨位的标准砝码或已知重物（根据车型选择合适的吨位），臂长在 14～16m，重物参数调整如图 6-17 所示。

准备好一个较大吨位的标准砝码或已知重物（根据车型选择合

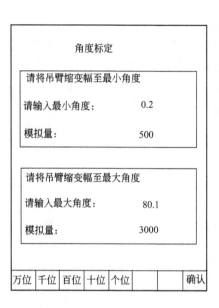

图 6-16　角度调整

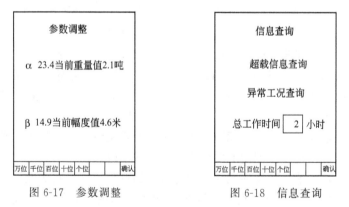

图 6-17　参数调整　　　　　图 6-18　信息查询

适的吨位），臂长在 $14\sim16\mathrm{m}$，重物吊起稳定后，在实际重量栏输入重物的实际重量，拉变幅使仰角慢慢由大变小，在此过程中相对均匀地选择三点，作测试点，在每个测试点待所吊重物稳定之后，根据实际的重量和实际的幅度调节 α（重量的调整）和 β（幅度的调整），每次按 F2（选择）来移动光标，只有光标选中了的地方才可以修改参数（以高亮显示出来），每修改一次后按 F8（确定）来确定修改的数据。控制器会根据这三次所得到的数据自动选择最合适的参数，F1（返回）返回到上一画面。信息查询如图 6-18 所示，实时显示系统总的工作时间。F2（选择）切换光标，可用来选择超载信息查询或异常信息查询，F3（确认）可进入相应光标选择的信息查询画面，F1（返回）可返回上一画面。

超载信息查询如图 6-19 所示，每条信息包括时间、力矩百分比、工况。

可以选择按时间排序（F2）或力矩百分比排序（F3），通过向上箭头（F4）和向下箭头（F5）来上下移动光标，确定键（F8）可以进入查看所选信息的详情页面。返回键返回上一页面。显示机器总的超载次数及最大超载百分比。

记录详情如图 6-20 所示。记录详情页面显示此次超载的时间、工况（如是主臂主钩，则还显示倍率）、持续超载的时间、工作幅度、额重、长度、实重、角度、力矩百分比。按返回键（F1）可以返回上一页面。

图 6-19　超载信息查询

图 6-20　记录详情

（2）ACS-700H 智能控制器

① ACS-700H 智能控制器构成、功能简介。ACS-700H 电脑主机通过压力、长度和角度传感器，以及其他状态监测器，实时采集起重机的工作状态参数，经处理后精确判定起重机是否处于安全

工作范围之内，并在点阵图形液晶显示器上，用汉字/图形直观真实地显示出起重机的实际工况参数：起重机臂长（L）、仰角（角度 A）、工作半径（幅度 R）、额定起重量（MW）、实际起重量、力矩百分比（P），为起重机操作人员全面了解起重机的工作状态提供了极大的方便。当起重机大于90％额定力矩时，ACS-700H电脑便及时地发出预警信号，到达100％额定力矩时，发出报警信号并通过起重机控制机构，快速切断起重机向危险方向的动作，限制起重机只能向安全方向动作，直到解除危险状态。

ACS-700H电脑主机为微电脑控制，采用模块化结构，在准确性、安全可靠性、系统可操作性、调试方法和标准化等方面均有重大的改进。特别是在安装调试上，全部采用按键式操作、点阵图形或汉字显示提示，调试简单直观，界面友好。由主机、显示器、压力检测器、长度/角度检测器和多芯电缆组成。

实时监视功能：智能控制器主机通过压力传感器、长度和角度传感器，以及其他状态传感器，不断地对起重机工作状态进行跟踪检测，及时、快速、准确地计算和判断起重机是否处于安全工作范围之内，同时在显示器上显示出起重机的实际工况参数。

安全功能：当起重力矩过载后，智能控制器将输出限动信号，切断全部能继续增大力矩的动作工况（伸臂、下变幅、卷扬升）；只有那些能使力矩减小的动作工况被保留（上变幅、卷扬降）。

带载伸缩控制功能：当吊重达到该工况额定起重量的30％时，智能控制器将输出限动信号，使吊臂伸和缩都不能进行。解除方法：变幅起使吊重小于该工况额定起重量的30％时，可将吊臂缩回。

极限超载控制功能：当吊重达到该工况起重量的极限值时（各工况起重量的极限值不同，由强度和稳定性综合考虑后决定，最大值约为该工况额定起重量的130％），智能控制器将输出限动信号，伸臂/缩臂、变幅落/变幅起、卷扬升不能进行，只保留卷扬降和回转两个动作（由于QY25A液压系统无变幅起卸荷电磁阀，吊重达到该工况起重量的极限值时，QY25A还保留变幅起动作，但不推荐使用）。摘机控制功能：若用户将 ACS-700H 智能控制器摘掉，上车液压系统压力将不能建立，不能起重作业。

顺序伸缩控制功能（QY50）：主臂伸时只允许在Ⅰ号伸缩油缸全部伸出后（即第二节臂完全伸出），智能控制器将输出控制信号，方能伸Ⅱ号伸缩油缸；主臂缩回时只允许Ⅱ号伸缩油缸全部缩回后（即第三、四、五节臂全部缩回），智能控制器将输出控制信号，方能缩Ⅰ号伸缩油缸。起重作业时，将自动伸缩开关 S26 置于Ⅰ位，操作手柄即可完成Ⅰ缸、Ⅱ缸的顺序自动伸缩。

非正常工况误操作保护功能（QY50）：

a. 关断自动伸缩开关并接通检修开关。

• 主臂工况下，若吊重大于 0.8t，智能控制器将报警并输出过载信号，此时起重机伸臂、起钩和下变幅都不能进行，并显示"不许检修"字样；落钩取下重物解除过载，此时蜂鸣器不再报警，"不许检修"字样消失。

• 主臂空钩状态下（或吊重小于 0.8t），起重机进入检修状态，智能控制器上显示"检修工况"字样。用户可进行Ⅱ号油缸的伸缩操作，可在Ⅰ号油缸未伸出的情况下检修Ⅱ号油缸（即第三、四、五节臂）。检修开关复位后，智能控制器输出预警信号，可进行Ⅰ号缸的伸缩控制。

b. 关断检修开关并接通自动伸缩开关：若智能控制器检测到臂长等于基本臂长，判定检修完毕，可以吊重作业；否则，智能控制器将报警并输出过载信号，用户解除过载并缩回吊臂到基本臂长，方可吊重作业。

黑匣子过载工况记录功能：若用户违章作业，智能控制器的黑匣子将记录用户过载作业的有关数据：时钟（××年××月××日××时××分××秒）、臂长、角度、幅度、PER、限重、实重、过载次数等信息，为分清故障责任提供信息。

② ACS-700H 智能控制器操作使用时，首先打开电源开关，电脑在供电电源接通后，会自动进行系统外围和自身状态检测。若电脑无异常，则进入起重机工作监控状态。进入监控状态后，系统会自动采用"主臂工作、支腿全伸"和"8 倍率"工况状态，蜂鸣

器允许正常鸣叫，屏幕显示如图 6-21 所示。对在作业过程中只使用主臂的用户，可以不做任何选择就能可靠工作。

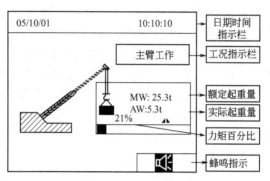

图 6-21　监控主界面

监控状态下按键功能说明如图 6-22 所示。

F1	工况 F2	背光 F3	F4	F5	返回
	复合键 ➤工况选择键 ➤F2键 ➤调零键	复合键 ➤背光选择键 ➤F3键	复合键 ➤调满键 ➤F4键	复合键 ➤禁鸣键 ➤F5键	

重启	←	◑↓ −	◑↑ +	→	确认
	复合键 ➤翻页键	复合键 ➤减号键	复合键 ➤加号键		

图 6-22　监控方式

监控方式主要监控物体吊重是否超出额定载荷允许范围。在实际载荷大于或等于额定载荷的 90％时，进行预报警（预报警指示灯亮，蜂鸣器间断鸣响）。在实际载荷大于或等于额定载荷的 100％时，进行报警（报警指示灯亮，蜂鸣器鸣响）。

屏幕实时显示起重机长度检测值、高度、角度、幅度、额定起重量、实际起重量计算值和力矩百分比。

屏幕左上方循环显示当前工况信息：主臂工作还是副臂工作、倍率选择数量、支腿状况、前后方状态、范围限制显示。

操作功能：

a. 工况选择。按下【工况】键进入工况选择界面。工况选择包括钢绳倍率、支腿状态、副臂设定、范围限制四项功能。调试时，通过【＋】、【－】键增1、减1选择所需功能序号，按【确认】键进入。

工况选择界面如图6-23所示。

b. 钢绳倍率。在工况选择界面（图6-24）下，选择1按【确认】键进入钢绳倍率选择。倍率在1～20之间循环变化，通过【←】、【→】键选择设定内容，【＋】、【－】键增1、减1或切换。按【确认】键进行保存，此时会出现"保存成功"提示信息。按【返回】键退出并返回工况选择界面。如果未按【确认】键就退出，修改结果将不会保存。

02/08/01	10:10:00
支腿状态:<u>全伸</u>	
带驾驶: 否	
第五支腿:未伸	

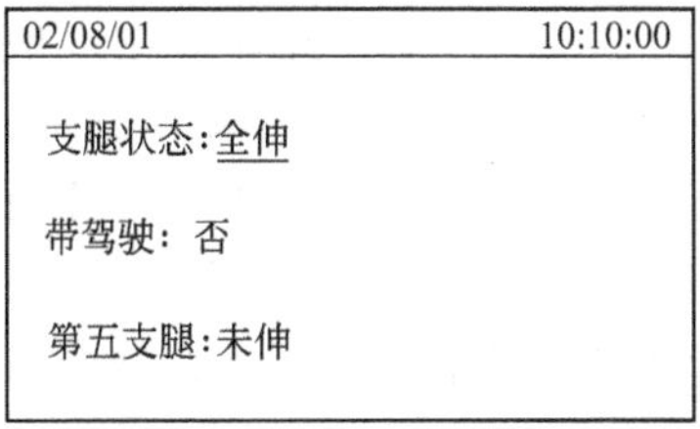

图 6-23　工况选择界面

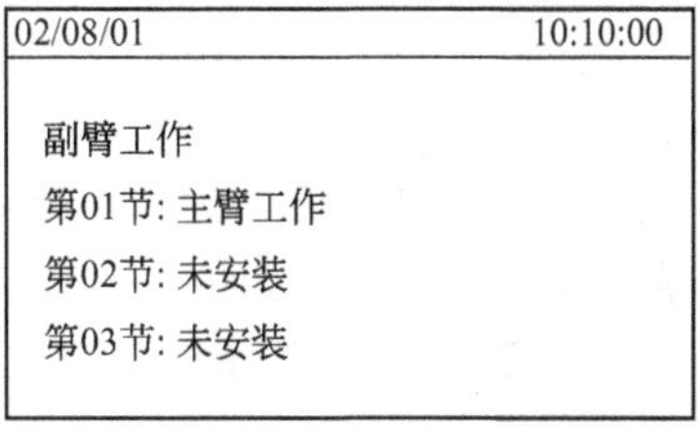

02/08/01	10:10:00
副臂工作	
第01节:主臂工作	
第02节:未安装	
第03节:未安装	

图 6-24　钢绳倍率界面

c. 支腿状态。在工况选择界面（图6-25）下，选择2按【确认】键进入支腿状态选择。

支腿状态可在全伸、半伸、未伸间自由选择。通过【←】、【→】键上下移动光标，【＋】、【－】键切换光标所在选项的具体内容。调整完毕，按【确认】键进行保存，此时会出现"保存成功"提示信息。按【返回】键退出并返回工况选择界面。如果未按副臂设定【确认】键就退出，修改结果将不会保存。

在工况选择界面（图6-23）下，选择3按【确认】键进入副臂设定选择。第01节包括主臂工作0°、5°、15°、30°和臂端滑轮等选项，第02节或第03节包括0°、5°、15°、30°和未安装等选项，通过【←】、【→】键上下移动光标，【＋】、【－】键切换光标所在选项的具体内容。

调整完毕，按【确认】键进行保存，此时会出现"保存成功"提示信息。按【返回】键退出并返回工况选择界面。如果未按【确认】键就退出，修改结果将不会保存。副臂设定界面如图 6-26 所示。

02/08/01	10:10:00
最大作业高度：30.0m	
最大作业幅度：24.0m	
最大作业角度：60.0°	
最小作业角度：0.01°	

图 6-25　支腿状态界面

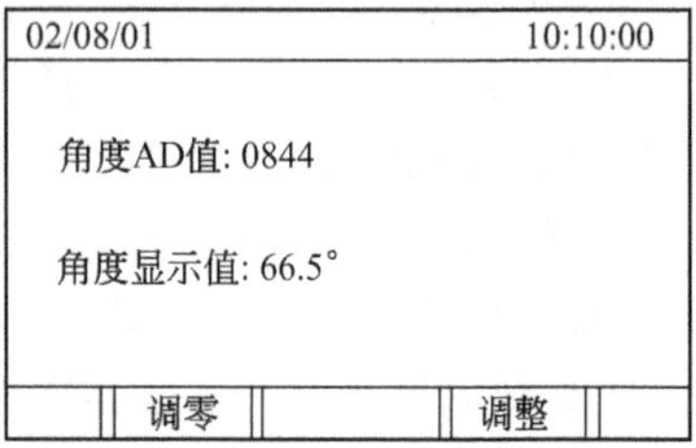

02/08/01	10:10:00
角度AD值：0844	
角度显示值：66.5°	
调零	调整

图 6-26　副臂设定界面

d. 范围限制。在工况选择界面（图 6-27）下，选择 3 按【确认】键进入范围限制界面。通过【←】、【→】键上下移动光标，【+】、【-】键切换光标所在选项的具体内容。调整完毕，按【确认】键进行保存，此时会出现"保存成功"提示信息。按【返回】键退出并返回工况选择界面。如果未按【确认】键就退出，修改结果将不会保存。范围限制界面如图 6-27 所示。调整完毕后，如果实际作业工况超出范围限制的设定值，则预警灯会点亮且蜂鸣器常叫，在主界面工况显示栏出现"角度限制"或"幅度限制"等字样。

背光控制开机送电后，背光的初始状态为关闭。在监控状态下按【背光】键点亮液晶显示屏背光。

如背光已点亮，按【背光】进入背光关闭状态。

e. 鸣叫开关。开机上电后，操作栏最右侧图标表示允许蜂鸣器正常鸣叫。此时，在监控状态下按【F5】键，图标会自动更正，表示蜂鸣器禁鸣。如在蜂鸣器禁鸣状态，按【F5】键，蜂鸣器恢复正常鸣叫状态，图标会自动显示。

③ ACS-700H 调试方法、准备工作（注意：一切操作以安全操控为前提，严禁违规操作）。依照产品装配要求在机器上固定，连接好线缆，注意紧固和匹配。

若安装位置适中，控制器电位器的辅助调整不是必需，仅调整软件即可。同时，压力部分已出厂校正好，请不要轻易调整。现场仅调整角度参考点（零点和满值点）、长度参考点（零点和满值点）和力矩重量微调。

a. 仰角调整。调整之前确认仰角检测器已与主臂平行安装固定好。调整的顺序是先调满再调零。在监控主界面，按【→】键进入快速观察界面，再按【F4】键，输入正确的密码后，进入系统调整菜单，选择 2 按【确认】键进入仰角调整界面。如果主臂水平状态下仰角 AD 值为 1023，必须将仰角检测器逆时针旋转一圈，此时仰角 AD 值可在 100～180。仰角调整界面如图 6-28 所示。

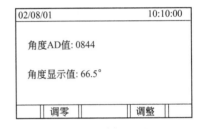

02/08/01	10:10:00
最大作业高度：30.0m	
最大作业幅度：24.0m	
最大作业角度：60.0°	
最小作业角度：0.01°	

图 6-27　范围限制界面　　　　图 6-28　仰角调整界面

b. 仰角调满。主臂升到最大仰角（在主臂仰角上升过程中值会不断变大），调整控制器内部的仰角放大倍数电位器（从左到右第三个电位器），使仰角 AD 值在 980～1010。按【确认】键后，出现闪烁的光标后，通过【+】、【-】键把仰角显示值调整到当前的仰角。调整完毕按【F4】键，出现"调满结束"提示信息，表示已经进行调满处理并保存调满结果，按【确认】键提示信息消失，并且显示当前的实际仰角。

c. 仰角调零。确认主臂水平放置，此时仰角 AD 值应在 80～220（如不在此范围，请检查仰角检测器是否与主臂平行安装），按【确认】键后，出现闪烁的光标后，通过【+】、【-】键把仰角显示值调整到当前的仰角。调整完毕按【F2】键，出现"调零结束"提示信息，表示已经进行调零处理并保存调零结果，按【确认】键提示信息消失，并且显示当前的实际仰角。

按【返回】键退出并返回上一级界面。如果未按【确认】键就退出，修改结果将不会保存。每次调零结束后按【返回】键退出并返回上一级界面，如需继续调整，重新进入仰角调整界面。

调整完毕后，在主臂水平位置与最大仰角之间变幅 1～2 次，确认在水平位置时，仰角 AD 值在 80～220，在最大仰角位置时，仰角 AD 值在 980～1020，且仰角值显示正确。如不在上述范围，请重新调整。

d. 长度调整。在系统调整菜单下，选择 1 按【确认】键进入长度调整界面。

长度调整显示界面如图 6-29 所示。

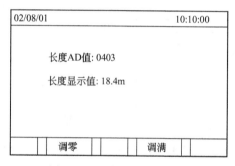

图 6-29　长度调整显示界面

调整之前一定要确认长度检测器已经安装固定好（长度检测电位器是安装在拉线盒内部，插头第 3 脚接的电缆线对应接电位器的中心抽头，另两根电缆线对应接电位器的另两根线，轻轻拉一下线，此时长度 AD 值应增大，如果长度 AD 值减小，应将这两根线反接）。在基本臂状态下，调整长度检测器内部的电位器，使长度 AD 值保持在 60～100。上述步骤正常后开始调整，调整的顺序是先调满再调零。

e. 长度调满。吊臂在全伸臂的状态时进行长度调满。调整控制器内部的长度放大倍数电位器（从左到右第一个电位器），使长度 AD 值保持在 980～1000。然后按【确认】键，出现闪烁的光标后，通过【＋】、【－】键把长度显示值调整到当前的全伸臂长度。调整完毕按【F4】键，出现"调满结束"提示信息，表示已经进行调满处理并保存调满结果，按【确认】键提示信息消失，并且显示当前的实际长度。

f. 长度调零。确认主臂全缩，此时如果长度 AD 值不在 60～150，必须调整长度检测器内部的电位器，使长度 AD 值保持在 60～150，按【确认】键后，出现闪烁的光标后，通过【＋】、【－】键把长度显示值调整到当前的基本臂长度。调整完毕按【F2】键，出现"调零结束"提示信息，表示已经进行调零处理并保存调零结果，按【确认】键提示信息消失，并且显示当前的实际长度。

按【返回】键退出并返回上一级界面。如果未按【确认】键就退出，修改结果将不会保存。每次调零结束后按【返回】键退出并返回上一级界面。如果长度调零时调整了长度检测器内部的电位器，必须重新进入长度调整界面，进行长度调满、长度调零。

调整完毕后，进行伸缩臂操作，确认在基本臂位置时，长度 AD 值在 60～150，在全伸臂位置时，长度 AD 值在 980～1010，且长度值显示正确。如不在上述范围，请重新调整。

g. 压力调整。压力传感器在出厂之前已经设置好，请不要轻易调整。

h. 重量调整。在长度、仰角调整正确后，吊一个 8～15t 的标准砝码、一个 2～4t 的标准砝码，如果变幅时显示重量误差超过 5%，请进行重量调整。重量调整的顺序为先主调再辅调。

i. 主调。在系统调整菜单下，选择 8 按【确认】键进入调重界面。调重界面如图 6-30、图 6-31 所示。

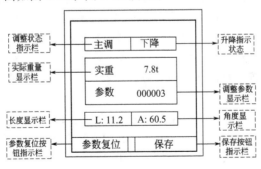

图 6-30 调重界面

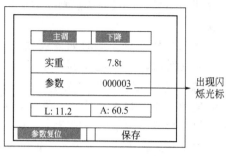

图 6-31　调重界面

j. 升变幅调整。准备好一个较大吨位（8～15t）的标准砝码或重量可知的物体，臂长在 14～16m，重物吊起稳定后，拉变幅使仰角慢慢增大到 60°～65°（在此过程中一定要保持重物的稳定），据升降指示栏的状态，当为所需要调整的状态时，按确认键即可进行调重，出现闪烁的光标后，此时吊车动作可以停止（一定要先按【确认】键，再停止动作）。按【→】、【←】键移动光标，通过【＋】、【－】对参数进行十位和个位的加减，修改参数直至实重数据指示正确，此时按保存键即可确认修改。参数复位可使当前的参数恢复为默认的数据。

k. 降变幅调整。准备好一个较大吨位（8～15t，根据车型号不同匹配选择）的标准砝码或可知重物，重物吊起稳定后，拉变幅使仰角慢慢减小到 65°～55°（在此过程中一定要保持重物的稳定），据升降指示栏的状态，当为所需要调整的状态时，按确认键即可进行调重，出现闪烁的光标后，此时吊车动作停止（一定要先按【确认】键，再停止动作）。按【→】、【←】键移动光标，通过【＋】、【－】对参数进行十位和个位的加减，修改参数直至实重数据指示正确，此时按保存键即可确认修改。参数复位可使当前的参数恢复为默认的数据。

l. 辅调。在系统调整菜单下，选择 6 按【确认】键进入调重界面。准备好一个小吨位（2～4t）的标准砝码或重量可知的物体，其调整步骤与方法与主调相同，臂长在 20～25m。如不进行辅调，吊车在小吨位吊重时力矩重量可能会有所偏差。

m. 幅度调整。在监控主界面，按【→】键进入快速观察界面，再按【F5】键，输入正确的密码后，进入幅度调整界面。幅度调整界面如图 6-32 所示。

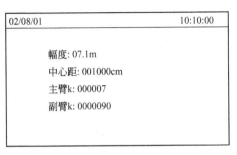

```
02/08/01                          10:10:00

      幅度：07.1m
      中心距：001000cm
      主臂k：000007
      副臂k：0000090
```

图 6-32　幅度调整显示界面

n. 主臂幅度调整。在全伸臂状态下，吊 5t 左右的标准砝码，注意安全操作，按【→】键移动光标到主臂 k 的数字下，通过【＋】、【－】对参数进行加减，修改参数直至幅度值与测量幅度一致。同时记录不同主臂 k 值对应的幅度值。在全伸臂状态下，吊 1t 左右的标准砝码，修改参数使此时的幅度误差和吊大重量时的幅度误差都较小。

o. 副臂幅度调整。在全伸臂状态下，吊 2t 左右的标准砝码，按【→】键移动光标到副臂 k 的数字下，通过【＋】、【－】对参数进行加减，修改参数直至幅度值与测量幅度一致。同时记录不同副臂 k 值对应的幅度值。

在全伸臂状态下，吊 0.5～1t 的标准砝码，修改参数使此时的幅度误差和吊大重量时的幅度误差都相对较小。

6.2.2　上车电气控制系统

注意事项：

① 不正确的力矩限制器/智能控制器设置，可能会带来严重的车辆损毁及人身安全事故。因此要正确设置钢丝绳倍率和工况。闭合主电源前，应使所有的控制器手柄置于中位。

② 该机设有强制开关，若本机过载，应小心使用该开关（强制开关接通时，力矩限制器/智能控制器虽能显示危急时刻的工况

参数，但其保护功能将被解除）。

③ 严禁关闭力矩限制器/智能控制器进行起重作业。力矩限制器/智能控制器是本机的一个非常重要的安全装置，绝对不允许将其关闭，而做一些不允许的起重作业动作（如负重伸臂等）。只有在作业之前，将重物状态对应于相应的起重量性能表，力矩限制器/智能控制器才能有效地发挥其功能。

④ 起重机虽然备有智能控制器，但是司机仍有安全操作上的责任。在作业之前，司机应对被吊物的重量有一个大概的了解，对照起重量性能表，以决定能否将该重物吊起。

（1）QY16 电气系统（华德 ACS-700H 智能控制器）

电气系统采用下车直接供电，供电方式为：DV24V 负极搭铁单线制。

电气系统的组成：

① 发动机启动（不推荐使用）：将启动钥匙插入启动锁，顺时针转动Ⅰ挡，电源接通，上车控制系统供电，继续转动钥匙至Ⅲ挡，发动机即可启动，每次启动时间不得超过 15s，一次不能启动，应停歇 2min 后再启动，在 3 次不能启动时，应停止启动，检查原因，排除故障。

② 发动机熄火：将熄火开关 S19 置于Ⅰ挡，延时 1～2s 松开发动机即熄火，熄火后将启动钥匙置于 0 挡。

③ 智能控制器：作业之前务必仔细阅读《ACS-700H 型智能控制装置使用说明书》。

④ 高度限位器：由主副臂端部限位开关和重锤构成，当起重钩中心起升距起重臂滑轮中心约 780mm 时，发出声光报警，并限制起重钩继续起升。

⑤ 三圈保护器：当起重钩下降至卷扬钢丝绳剩余三圈时自动停止且报警。

⑥ 操纵室电气控制面板（图 6-33）：集中显示操作和安全工况。

⑦ 左控制手柄（图 6-34）：伸缩臂和回转操作。

⑧ 右控制手柄（图 6-35）：主卷扬和变幅操作。

电气元件布置如图 6-36 所示。

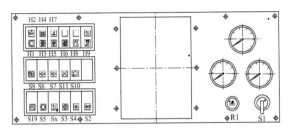

图 6-33 控制面板

H1—控制电源指示灯；S19—发动机停止开关；H2—机油压力低指示灯；S5—主令开关；H3—回油堵塞指示灯；S8—风扇开关；H4—管路堵塞指示灯；S6—前方雨刮器开关；H5—主卷扬过放指示灯；S3—仪表灯开关；H6—副卷扬过放指示灯；S11—强制开关；H7—水温高指示灯；S4—工作灯开关；H8—伸缩臂指示灯；S2—示廓灯开关；H9—过卷指示灯；S1—钥匙开关；Sx—副卷扬开关；S10—油冷器开关；R1—点烟器；S7—上方雨刮器开关（选装）

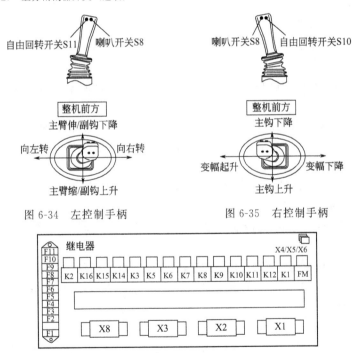

图 6-34　左控制手柄　　　　　图 6-35　右控制手柄

图 6-36　电气元件布置

（2）QY25A 电气系统（华德 ACS-700H 智能控制器）

电气系统采用下车直接供电，供电方式为：DV24V 负极搭铁单线制。

电气系统的组成：

① 发动机启动（不推荐使用）：将启动钥匙插入启动锁，顺时针转动Ⅰ挡，电源接通，上车控制系统供电，继续转动钥匙至Ⅲ挡，发动机即可启动，每次启动时间不得超过 15s，一次不能启动，应停歇 2min 后再启动，在 3 次不能启动时，应停止启动，检查原因，排除故障。

② 发动机熄火：将发动机熄火开关 S2 置于Ⅰ挡，延时 1~2s 松开发动机即熄火，熄火后将钥匙开关置于 0 位。

③ 智能控制器：在起重作业前，严格按《ACS-700H 智能控制器说明书》的要求进行设置和操作。根据钢丝绳的实际使用倍率进行倍率设置。

对起重机的工况进行设置。工况 1：钢绳倍率。工况 2：支腿状态。工况 3：副臂设定。工况 4：范围设定。

不正确的智能控制器设置，可能会带来严重的车辆损毁及人身安全事故。

④ 高度限位器：由主副臂端部限位开关和重锤构成，当起重钩中心起升至起重臂滑轮中心约 780mm 时，发出声光报警，并限制起重钩继续起升。

⑤ 三圈保护器：当起重钩下降至卷扬钢丝绳剩余三圈时自动停止且报警。

⑥ 操纵室电气控制面板（图 6-37）：集中显示操作和安全工况。

（3）QY25A 电气系统（智能控制 SYML 力矩限制器）

电气系统采用下车直接供电，供电方式为：DV24V 负极搭铁单线制。

电气系统的组成：

① 发动机启动（不推荐使用）：将启动钥匙插入启动锁，顺时针转动Ⅰ挡，电源接通，上车控制系统供电，继续转动钥匙至Ⅲ

挡，发动机即可启动，每次启动时间不得超过 15s，一次不能启动，应停歇 2min 后再启动，在 3 次不能启动时，应停止启动，检查原因，排除故障。

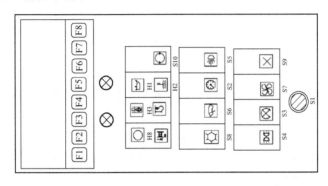

图 6-37 控制面板

H1—控制电源指示灯；S1—钥匙开关；H2—液压油回油管路污染报警灯；S2—发动机停机开关；H3—卷扬过放指示灯；S3—示廓灯开关；S4—仪表灯开关；S6—前方雨刮器开关；S7—风扇开关；S9—强制开关；S8—主令开关；S10—油冷器开关；S5—工作灯开关

② 发动机熄火：将发动机熄火开关 S3 置于 I 挡，延时 1～2s 松开发动机即熄火，熄火后将钥匙开关置于 0 位。

③ 力矩限制器：作业之前务必仔细阅读《SYML 力矩限制器使用说明书》。在起重作业前，严格按 SYML 力矩限制器说明书的要求进行设置和操作。根据钢丝绳的实际使用倍率进行倍率设置。

对起重机的工况进行设置。工况 1：主臂主钩工况。2：臂端单滑轮工况。3：副臂 0°。工况 4：副臂 15°。工况 5：副臂 30°。不正确的力矩限制器设置，可能会带来严重的车辆损毁及人身安全事故。

④ 高度限位器：由主副臂端部限位开关和重锤构成，当起重钩中心起升距起重臂滑轮中心约 780mm 时，发出声光报警（高度限位指示灯 H7 亮），并限制起重钩继续起升。

⑤ 三圈保护器：当起重钩下降至卷扬钢丝绳剩余三圈时自动停止且报警。

⑥ 控制面板如图 6-38 所示。

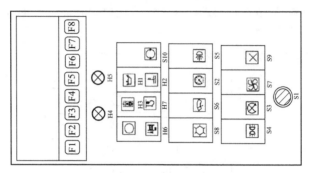

图 6-38　控制面板

H1—控制电源指示灯；S1—钥匙开关；H2—水温报警指示灯；S2—仪表灯开关；
H3—液压油回油管路污染报警灯；S3—发动机停机开关；H4—力矩限制器报警黄灯；
S4—示廓灯开关；H5—力矩限制器报警红灯；S5—工作灯开关；H6—卷扬过放指示
灯；S6—前方雨刮器开关；H7—高度限位指示灯；S7—风扇开关；S9—过卷解除开关；
S8—油冷器开关；S10—主令开关

（4）QY50 电气系统（华德 ACS-700H 智能控制器）

电气系统采用下车直接供电，供电方式为：DV24V 负极搭铁单线制。

电气系统的组成：

① 发动机启动（不推荐使用）：将启动钥匙插入启动锁，顺时针转动Ⅰ挡，电源接通，上车控制系统供电。继续转动钥匙至Ⅲ挡，发动机即可启动，每次启动时间不得超过 15s，一次不能启动，应停歇 2min 后再启动，在 3 次不能启动时，应停止启动，检查原因，排除故障。

②发动机熄火：将发动机停机开关 S19 置于Ⅰ位，延时 1～2s 松开发动机即熄火，熄火后将钥匙开关置于 0 位。

③ 智能控制器：在起重作业前，严格按《ACS-700H 智能控制器说明书》的要求进行设置和操作。

④ 高度限位器：由主副臂端部限位开关和重锤构成，当起重钩中心起升至起重臂滑轮中心约 780mm 时，发出声光报警，并限制起重钩继续起升。

⑤ 三圈保护器：当起重钩下降至卷扬钢丝绳剩余三圈时自动停止且报警。

⑥ 操纵室电气控制面板（右扶手箱和左扶手箱，见图 6-39）：集中显示操作和安全工况。

⑦ 右控制手柄：主卷扬、变幅、自由滑转和喇叭。

⑧ 左控制手柄：副卷扬伸缩臂和回转、自由滑转和喇叭。

⑨ 电气元件布置：逻辑控制单元。

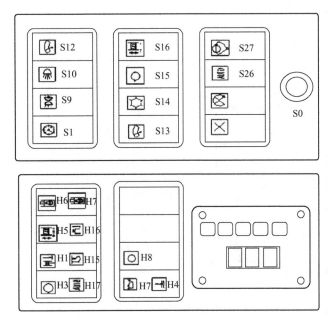

图 6-39 华德 ACS-700H 智能控制器控制面板

H1—卷扬过放指示灯；S0—钥匙开关；H3—电源指示灯；S1—仪表灯开关；H5—副卷扬指示灯；S9—示廓灯开关；H6—管路堵塞指示灯；S10—工作灯开关；H7—回油堵灯指示灯；S12—雨刮器开关（前方）；H15—高度限位指示灯；S13—雨刮器开关（上方）；H16—伸缩指示灯；S14—油冷却器电源开关；H17—自动指示灯；S15—系统压力开关；S16—副卷扬开关；H4—水温高报警指示灯；H8—系统压力指示灯；S26—自动开关（Ⅰ位：自动伸缩，0 位：检修）；S27—检修开关（Ⅰ位：2# 油缸伸缩，0 位：1# 油缸伸缩）

图 6-40、图 6-41 为 QY25ASYMC 智能控制电气系统和 QY25A 华德 ACS-700H 电气系统原理。

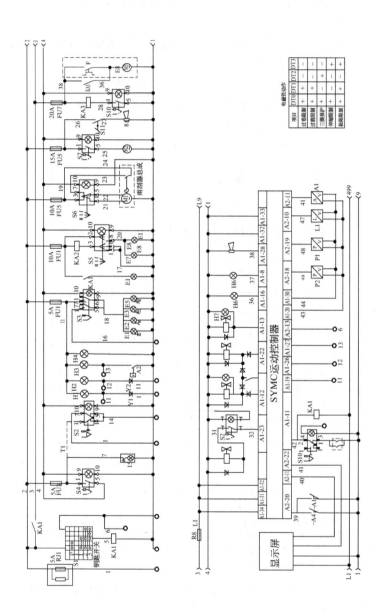

电磁铁动作	DT0	DT1	DT2	DT3
过卷限制	+	+	-	-
过载限制	+	+	-	-
三圈保护	+	-	+	-
伸缩限制	+	-	+	-
起吊限制	+	-	-	+

图 6-40　QY25ASYMC 智能控制电气系统原理

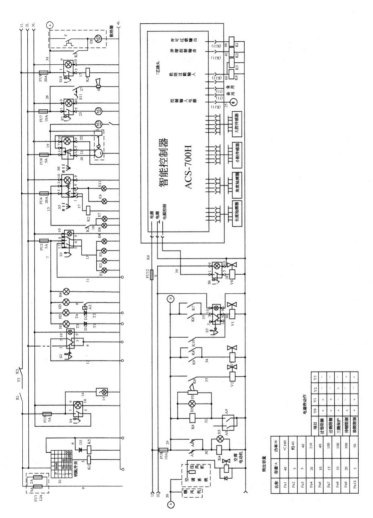

图 6-41　QY25A 华德 ACS-700H 电气系统原理

第7章
汽车吊上车基本构造

　　汽车起重机上车的主要机构有：主臂机构（包括主臂伸缩机构）、副臂机构、主副钩起升机构、转台机构（包括回转机构）、主臂变幅机构、上车操纵机构、下车操纵机构（属于上车结构范围）、起重作业安全机构等。这些机构在机械、液压、电气系统的联合作用下，实现各种工况的起重作业程序，达到安全、准确、高效的作业要求。下面重点介绍主臂机构、副臂机构、转台机构、上车操纵机构和下车操纵机构。

7.1　主臂机构

　　汽车起重机的主臂是起重机的核心部件，是汽车起重机吊载作业最重要的承重结构件。主臂机构的强度、刚度将直接影响汽车起重机的使用性能。主臂结构的质量在一定程度上反映起重机制造厂家的技术水平与管理水平。主臂结构的技术含量是汽车起重机产品水平的重要标志。提高主臂机构的设计、制造、装配质量是各起重机厂家不断追求的目标。

　　汽车起重机的主臂目前均是六边形、大圆角截面结构。主臂机构模式基本相同。所不同的是主臂节数、主臂截面尺寸、主臂长度尺寸、臂间起支承作用的滑块结构形状和主臂伸缩机构等有所差异。以下以QY25A主臂机构为例，具体说明主臂结构。

（1）QY25A主臂机构

　　如图7-1所示，QY25A主臂机构的主要组成部分为：四节主臂、臂尖滑轮、臂间滑块、分绳轮组、定滑轮组、压绳滚轮、用于托绳的滑板支架及主臂与转台和变幅缸上铰点的连接轴等。主臂伸缩机构原则讲是一个独立的组成机构，但它与主臂密切相关，紧密相连。

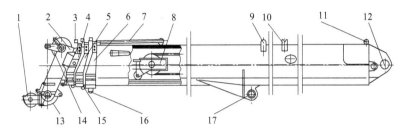

图 7-1　QY25A 主臂

1—臂尖滑轮；2—四节臂；3—托绳架；4—三节臂；
5—二节臂；6——节臂；7—压绳滚轮；8—伸缩机构；
9—滑板支架；10—挡板；11—绳托；12—主臂尾轴；
13—定滑轮组；14—分绳轮组；15—调节垫块；
16—托辊；17—变幅缸下铰点轴

　　该主臂由一、二、三、四节臂套装而成，主臂所用的板材为 HG70 高强度结构钢。

　　在各节主臂中间，采用 MC 尼龙滑块支承，在水平或垂直方向上，滑块与臂筒间的双边间隙之和一般为 4~5mm。间隙值的大小取决于主臂的加工水平。组装后的主臂滑块间隙越大，则主臂使用的强度与刚度越低。如果主臂滑块间隙偏小，则因臂体制造误差偏大（直线度、平行度、垂直度和扭曲度超差），易产生干涉，发生伸缩臂抖动或产生异响。

　　在一节臂尾和中间下方部位，分别有两个铰接轴。一个为主臂与转台连接的尾铰点轴，另一个为变幅缸上铰点轴。两个铰点轴心线的平行度、对主臂纵向轴线的垂直度是否达标，直接影响主臂的使用质量（图 7-2）。良好的制造质量会防止主臂在变幅过程中产生机械抖动或异响，改善主臂的受力状态，防止吊重时侧向转矩的产生。在尾铰点轴套前侧有伸臂缸安装轴套、三节臂伸臂绳固定点。

　　二节臂的尾部有伸臂缸的安装轴套连接伸臂缸的缸套、四节臂伸臂绳固定点、三节臂缩臂滑轮，口部、尾部上下两侧设 MC

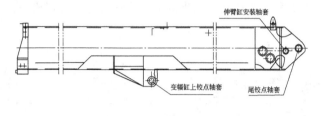

伸臂缸安装轴套

变幅缸上铰点轴套 尾铰点轴套

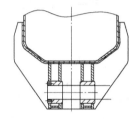

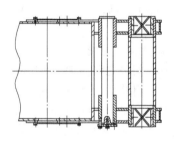

图 7-2　一节臂

尼龙滑块及其调整机构。

　　三节臂的尾部设有四节臂缩臂滑轮，口部设有四节臂伸臂滑轮，口部、尾部上下两侧设 MC 尼龙滑块及其调整机构。

　　四节臂的头部设置分绳滑轮组和定滑轮组，尾部上侧设伸臂绳固定点，上下侧均设 MC 尼龙滑块，在二、三节臂头部的上部，分别设有托绳架；在一节臂头部的上方设有压绳滚轮；在一节臂头部的下方设有托辊；在一节臂尾部的上方设有绳托（托绳滚轮）等结构部件。

设置这些构件的目的是保证主臂在任一种工况作业时，托起主、副卷扬钢丝绳，防止钢丝绳外跳，以免造成升降作业时磨损钢丝绳或卡住钢丝绳的事故发生。

在四节臂头部的前方，设置臂尖滑轮。臂尖滑轮是单滑轮的起升机构。一般采用副钩单倍率升降作业，如图7-3所示。使用臂尖滑轮作业，可提高主臂升降作业的效率，但吊载重量受到单股钢丝绳作业的限制。QY16臂尖滑轮吊重≤2t；QY25臂尖滑轮吊重≤2.5t。

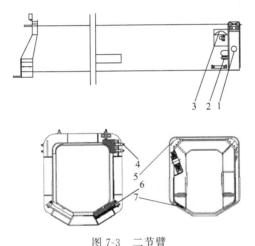

图 7-3　二节臂
1—伸臂缸安装轴套；2—四节臂伸臂绳固定点；
3—三节臂缩臂滑轮；4—口部上滑块及调节螺栓；
5—尾部上滑块及调整垫片；6—口部下滑块及
调整垫片；7—尾部下滑块及调整垫片

在第四节臂的头部，设置分绳滑轮组和定滑轮组，如图7-4所示。分绳滑轮组在三个系列产品中均为两个滑轮，中间一个滑轮用于副卷扬钢丝绳通过，靠左边滑轮用于主卷扬钢丝绳通过。

定滑轮组的滑轮数量在三个系列产品中各不相同。QY16、QY16A为四片滑轮；QY25、QY25A为五片滑轮；QY50为六片滑轮。定滑轮组滑轮片数的多少，决定该滑轮组在使用中钢丝绳倍率的多少。如四片定滑轮组，与之相配合的动滑轮组（吊钩）滑轮

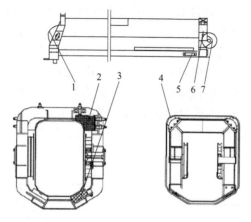

图 7-4 三节臂

1—四节臂伸臂滑轮；2—口部上滑块及调节螺栓；
3—口部下滑块及调整垫片；4—尾部上滑块及调整垫片；
5—尾部下滑块及调整垫片；6—三节臂缩臂绳固定点；
7—四节臂缩臂滑轮

片数也为四片，钢丝绳的倍率最多为 $4×2＝8$。依此类推，五片滑轮钢丝绳倍率最多为 10；六片滑轮钢丝绳倍率最多为 12。

四节臂见图 7-5。

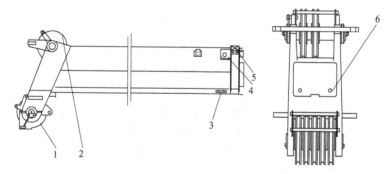

图 7-5 四节臂

1—定滑轮组；2—分绳滑轮组；3—伸臂绳固定点；
4—尾部下滑块及调整垫片；5—尾部上滑块及调整垫片；
6—缩臂绳固定点

压绳滚轮见图7-6。

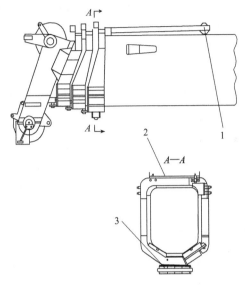

图 7-6　压绳滚轮
1—压绳滚轮；2—绳托；3—托辊

臂端滑轮、臂头滑轮见图7-7、图7-8。

QY16、QY25两个系列产品的主臂伸缩机构由伸缩油缸和两组伸缩臂绳相连接，实现主臂二、三、四节臂同步伸缩。伸缩油缸为倒置油缸，水平安装在四节臂的臂筒之中。活塞杆上的铰点孔安装在一节臂的尾端，油缸筒上的铰点轴安装在二节臂上。在伸缩油缸的伸缩过程中，伸缩油缸头部的连接架将退出或进入四节臂的尾部。为此，伸缩油缸头部的连接架和四节臂的尾部均应设置导向装置，防止由于伸缩油缸安装偏斜而发生相撞事故。

为防止伸缩油缸安装产生偏斜，保证油缸铰点孔对主臂纵向轴线的垂直度是非常重要的。

QY16的伸缩臂绳在主臂组装后，可以在主臂外部进行调节的。QY16A、QY25、QY25A的缩臂绳在主臂组装后，可以在主臂外部进行缩臂绳的调节，即在一节臂头和四节臂头分别调节三节臂缩臂绳和四节臂缩臂绳的松紧度，而伸臂绳的松紧度是无法直接调节的，只能采用调节臂头垫块厚度的方法，实现三、四节臂伸臂绳松紧度的调节。

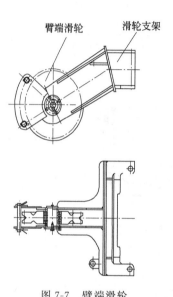

图 7-7　臂端滑轮

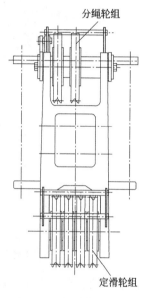

图 7-8　臂头滑轮

　　这种调节方法，使主臂组装后，每台车的三、四节臂的相对位置均不相同。对产品的外观产生一定的负面影响。

（2）QY50 主臂机构

　　QY50 主臂机构除主臂节数比 QY25A 多一节，主臂截面尺寸、长度尺寸存在差异，伸缩油缸多一级以外，其他机构与 QY25A 基本相同，如图 7-9 所示。

　　QY50 主臂伸缩机构的工作原理：在具体结构中，合理布置、可靠使用两级伸缩油缸是该伸缩机构的核心。QY50 主臂伸缩臂绳在主臂组装后，只有第五节臂的缩臂绳可以在外部调节，四节臂的缩臂绳、四节臂和五节臂的伸臂绳均不能在外部进行调节。伸臂绳的松紧度只能靠调节臂头垫块厚度的方式来解决。

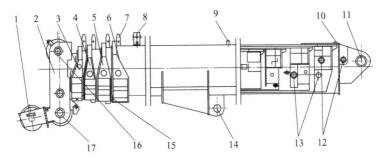

图 7-9　QY50 主臂机构

1—臂尖滑轮；2—五节臂；3—四节臂；4—三节臂；5—二节臂；6——节臂；7—托绳架；8—压绳滚轮；9—挡板；10—绳托；11—主臂尾轴；12——级伸缩油缸铰点轴；13—二级伸缩油缸铰点轴；14—变幅缸下铰点轴；15—调节垫块；16—分绳轮组；17—定滑轮组

7.2 副臂结构

副臂是汽车起重机重要的起重部件，也是关键的钢结构件。

汽车起重机的副臂，目前均采用桁架式结构。副臂的作用是补偿主臂作业高度不足、扩大主臂作业范围。副臂的起重作业必须按副臂起重量性能表中规定的作业工况进行。

QY16、QY25、QY50 三个系列产品副臂的作业功能基本相同。所不同的是副臂的安装位置、尺寸、副臂的截面尺寸、副臂的节数等存在差异。以下以 QY25A 副臂为例介绍副臂结构。如图7-10所示。

QY25A 副臂结构是桁架式结构，其组成部分主要有：臂座、臂架、连接杆系统、臂头、支承架、托架总成等。

臂座是副臂的基础结构件，与主臂（四节臂）臂头相连接，如图 7-11 所示。臂座上有两排孔，每排各有四个上下同轴线的定位连接孔（$\phi40H11$），每排孔的同轴度（$\phi0.12$）是否达标，直接影响副臂回转连接的准确性与可靠性。与臂架相连接的两排定位孔（$2\times\phi35H11$）轴线对副臂纵向轴线的垂直度，直接影响副臂定位安装的准确性和用户使用的方便性。

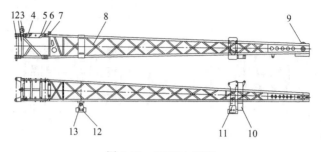

图 7-10　QY25A 副臂

1—销轴（Ⅰ）；2—臂座；3—绳托（Ⅰ）；4—连接杆；

5—销轴（Ⅱ）；6—连接板；7—绳托（Ⅱ）；

8—臂架；9—滑轮；10—折叠板；11—托架总成；

12—支承架；13—销轴（Ⅲ）

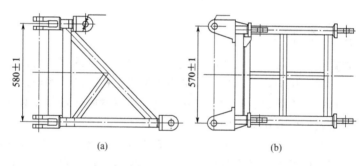

(a)　　　　　　　　　　　　(b)

图 7-11　QY25A 臂座

　　臂架是副臂的结构主体，其作用是连接臂头和臂座，使副臂成为结构的整体。臂架也是副臂结构承载的重要受力部件。

　　臂头是副臂直接吊重部件，副卷扬钢丝绳悬挂在臂头滑轮上，在副卷扬减速机的作用下，完成吊重升降作业。

　　支承架是保证副臂处于正确安装位置的定位部件。

　　托架总成是支承副臂总成，保证副臂合理、稳定安装在原始位置。连接杆系统是实现副臂变角度安装的重要调节部件。QY25A 副臂有三种安装角度，即 0°、15°、30°，如图 7-12 所示。

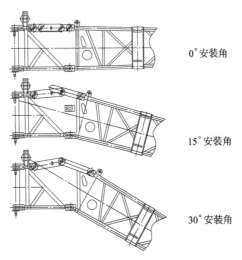

0°安装角

15°安装角

30°安装角

图 7-12　QY25A 副臂角度安装

7.3　转台结构

转台是起重机承载的重要连接部件，它通过回转支承，坐落在底盘的专用座圈上，保证转台可以实现 360°回转。上车的起重臂、上车操纵室、起升机构、回转机构、变幅机构、配重等均与其直接相连。

转台结构除在外形尺寸、整体布局上有所差异外，其基本功能完全相同。

转台为整体式焊接结构。按使用功能可分为四个部分：底板座圈部分、主体结构部分、连接支架部分、尾箱部分，如图 7-13 所示。底板座圈是转台通过回转支承与底盘相连接的基础定位部件。上车在作业过程中，所承受的全部作用力都通过底板座圈传给底盘，因此，转台座圈的结构刚性、定位连接面的平面度、与回转支承连接强度等，都关系到起重机作业稳定性和安全可靠性。

在底板座圈的下方，通过 40×M24 高强度螺栓（10.9～12.9级）与回转支承的外圈紧固连接。在底板的上方，通过 24×M12螺栓与转台回转机构相连，并通过回转机构的小齿轮与回转支承的

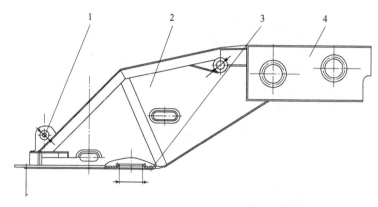

图 7-13　转台结构

1—连接支架；2—底板座圈；3—主体结构；4—尾箱

内圈（回转支承的内圈用 $40 \times M24$ 高强度螺栓与底盘座圈紧固连接）的上齿圈相啮合，带动转台实现 $360°$ 回转。连接支架坐落在底板上方的前部，其作用是连接变幅油缸的下铰点。铰点孔为 $2 \times \phi100H9$，保证该两孔轴线的同轴度、对转台纵向轴线的垂直度、对座圈基准面的平行度以及两孔对基准的对称度等形位公差的要求，将保证主臂、转台和变幅油缸三者组装后的对中性，有效防止主臂吊载作业产生偏载，确保整机的使用性能。

尾箱是一个箱形的结构件。其上有两组尺寸与形状完全相同的孔组，用于安装型号相同的主、副卷扬减速机。在减速机卷筒上缠绕主副卷扬钢丝绳，通过钢丝绳带动主、副钩完成升降作业。

安装卷扬减速机两组孔的加工精度十分重要，特别要保证两组孔的同轴度和孔组端面对孔组轴线的垂直度。在卷扬减速机卷筒的后方，分别安置一个压绳器，其作用是保证卷筒缠绳有序进行，防止卷筒乱绳的概率。QY16 与 QY25A 不同的是在卷扬减速机卷筒上方两侧，分别安装两个挡绳板，防止卷筒缠绳时损坏钢丝绳。

转台主体结构是指坐落在转台底板上的两个平行竖立的侧板和多组箱形结构的组合，如图 7-14 所示。

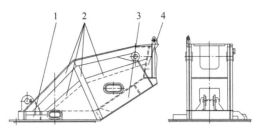

图 7-14　转台主体结构

1—底板；2—筋板；3—斜板；4—尾板

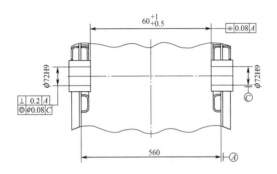

图 7-15　主臂尾铰点

在两个侧立板的后上方有一组孔，如图 7-15 所示。该孔通过轴件与主臂尾铰点孔相连。保证该组孔轴线的同轴度、对转台纵向轴线的垂直度、对座圈基准面的平行度以及两孔对基准 A 对称度等形位公差的要求，将可保证主臂、转台和变幅油缸三者组装后的对中性能，即有效防止主臂吊载作业产生偏载，确保整机使用的稳定性。

7.4　上车操纵机构

上车操纵机构是汽车起重机进行起重作业的控制中心，如图 7-16 所示。上车操纵机构因控制方式不同，而有所差异。QY16、QY25、QY50 三种产品采用先导控制阀来操纵上车各种机构运动，简称先导式。QY16A、QY25A 两种产品采用手动拉杆式控制方式，简称拉杆式。除控制方式有区别外，电控装置、上车油门控制装置等基本相同。下面将分别叙述不同控制方式的上车操纵机构。

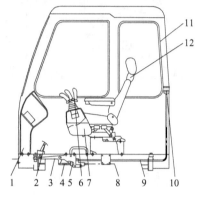

图 7-16　上车操纵机构

1—电控柜；2—油门踏板；3—连接叉；4—推杆；5—总泵总成；6—先导控制手柄；
7—扶手箱；8—上车输油管；9—补油管；10—油杯；11—上车操纵室；12—座椅

（1）先导式上车操纵机构

先导式上车操纵机构主要由先导控制手柄系统、上车油门控制系统和电气控制系统组成。

① 先导控制的核心是采用液压先导控制手柄实现不同机构操作。先导控制手柄实质是一个多路液压换向阀。该阀通过控制上车主阀控油油路的供油方向，来改变各片阀芯的不同换向位置，实现各种机构的不同动作方向。采用先导控制方式的手柄位置、控制哪些机构、受控机构的运动方向等，已在国家标准中明确规定。左控制手柄负责控制主臂伸缩、副钩升降、转台左右回转机构操作；右控制手柄负责控制主钩升降主臂、起幅、落幅机构操作。左、右控制手柄坐落在左、右扶手箱上。

扶手箱固定在座椅两侧的操纵室地板上，与控制手柄相连接的油管从扶手箱的下部空间通向位于上车操纵室后方的上车液压主阀。通过控制上车主阀，实现左、右控制手柄的操纵机能。

② 上车油门控制系统。在进行各种工况作业时，主、副钩起升的速度、变幅速度、回转速度和主臂伸缩速度的改变都必须通过

上车油门来控制。同普通汽车油门的作用一样，汽车起重机的上车油门是保障起重机正常作业的控制机构。三一生产的三种系列产品的上车油门系统结构基本相同。以下以 QY25A 上车油门控制系统为例进行说明。如图 7-17 所示。

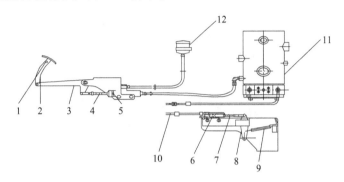

图 7-17　上车油门控制系统

1—踏板；2—连杆；3—连接叉；4—推杆（Ⅰ）；

5—总泵总成；6—分泵总成；7—推杆（Ⅱ）；

8—摆杆；9—拉簧；10—牵引钢丝绳；11—中央回转体；12—上车操纵室油杯

QY25A 上车油门控制系统主要由：踏板机构、变力杆机构、补油机构、上车油门总泵、通油管路（中心回转接头）、下车油门分泵系统等部分组成。

踏板机构是油门的动力系统。操作者脚踏油门踏板（踏板力≤13kgf），在连杆的作用下，推杆Ⅰ作用总泵总成油缸活塞向连杆作用方向移动。总泵中的合成制动液通过上车铜管、中心回转接头、下车铜管后，进入下车分泵总成。在分泵活塞的作用下，旋转的摆杆通过牵引钢丝绳拉动发动机油门变速杆旋转，控制油门进油量的改变而实现发动机变速操作。

③ 电气控制系统。电气控制系统是上车操纵机构的重要控制环节。电气控制系统主要由电控柜（常规电气控制）、力限器控制系统和电气安全保障系统组成。

（2）拉杆式上车操纵机构（图 7-18）

拉杆式上车操纵机构主要由拉杆手柄系统、上车油门控制系统

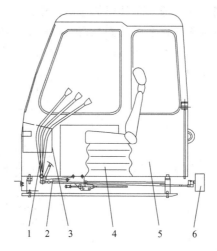

图 7-18　拉杆式上车操纵机构

1—操纵手柄总成；2—二力杆；3—电控柜；4—座椅；

5—上车操纵室；6—上车主阀

和电气控制系统组成。拉杆手柄系统主要由五根操纵手柄总杆总成，通过相应的销轴与上车主阀的阀芯伸出轴相连。每根操纵手柄有三个控制位置，中位为被控制机构处于停止运动状态；其他两个位置为被控机构处于正、反两个方向运动状态。按国家标准的规定：

①　起钩、起臂、缩臂——手柄向后拉。

②　落钩、落臂、伸臂——手柄向前推。

③　上车左转——手柄向后拉。

④　上车右转——手柄向前推。

按国家标准规定，五根手柄排列分别为：回转、伸缩、变幅、副起升、主起升机构。

上车油门控制系统和电气控制系统，与前面的先导式上车操纵系统完全相同。

7.5　下车操纵机构

下车操纵机构见图 7-19。下车操纵机构是实现下车油门操纵和支腿操纵的综合机构。三一生产的三种系列产品的下车操纵机构的基本结构模式完全相同。所不同的是各种车型所选用的下车多路阀、软轴型号和连接件的结构尺寸有所差异。以下以 QY25A 的下车操纵机构为例进行说明。

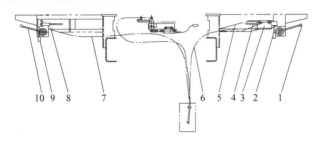

图 7-19　拉杆式下车操纵机构

1—左控制器；2—左操作手柄；3—下车阀；4—二力杆焊合；

5—左支架；6—左软轴拉线；

7—右软轴拉线；8—右支架；9—右操作手柄；10—右控制器

下车操纵机构主要由下车支腿操纵机构和下车油门操纵机构组成，如图 7-20 所示。

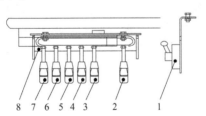

图 7-20　下车支腿操纵

1—油门；2—总控手柄；3—左前支腿；

4—右前支腿；5—左后支腿；

6—右后支腿；7—第五支腿；8—下车主阀

（1）下车支腿操纵机构（图 7-21、图 7-22）

下车支腿操纵机构主要由左、右操作手柄、下车主阀、二力杆件等组成。

下车主阀是直接控制支腿动作方式的液压元件。

二力杆件是左、右操作手柄的连接部件。

操作手柄是实施操作的控制元件。其与下车主阀阀芯直接相连；每个支腿的操作手柄有三个工位，即中位、水平伸缩、垂直升降三个工位。总控手柄也有三个工位，即中位、缩回、伸出三个工位。各支腿操作手柄和总控手柄的联合作用，就可以实现每个支腿的伸出或缩回、每个支腿垂直油缸的升降作业操作。

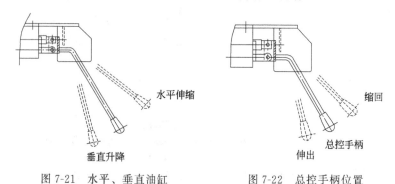

图 7-21　水平、垂直油缸
　　　　操纵手柄位置

图 7-22　总控手柄位置

（2）下车油门操纵机构

下车油门操纵机构主要由左、右控制器和相关的支架等部件组成。控制器是外购的软轴拉索，通过扳动控制器的手柄，操纵软轴拉索的伸出和缩回，并带动发动机的油门变速杆旋转，实现发动机变速功能。

第3篇
汽车起重机驾驶作业

第8章
汽车吊驾驶基础

8.1 操纵杆功用与控制

　　汽车吊驾驶员的培训，在完成了对汽车吊的基本构造、原理、安全操作规程等基础理论学习后，便可以进行实际操作训练。汽车吊驾驶员在实际操作训练前，必须熟悉各操纵装置的分布位置、使用方法和注意事项。这样才能打牢驾驶操作的基础，练就过硬的基本功，提高驾驶员的操作技术水平，确保在各种运行条件下，能正确而熟练地使用汽车吊，充分发挥汽车吊的效能，安全、优质、低耗地完成任务。

8.1.1 操纵装置

　　汽车吊的操纵装置包括转向盘、离合器踏板、加速踏板、变速与换向操纵杆、制动踏板与驻车制动操纵杆等，如图 8-1 所示。

图 8-1　汽车吊操纵装置

（1）方向盘的运用

方向盘又叫转向盘，是汽车吊转向机构的主要机件之一。正确运用转向盘，能够确保汽车吊沿着正确路线安全行驶，在需要的情况下使机器转弯，并能减少转向机件和轮胎的非正常磨损，如图8-2所示。

图 8-2　转向盘

① 操作方法。在平直道路上行驶时，两手运用转向盘动作应平衡，以左手为主，右手为辅，根据行进前方车辆、人员、通道等情况，作必要的修正，一般不要左右晃动。

② 使用注意事项。

a. 转弯时应提前减速（在平整路面上行走转向时，速度不得超过 5km/h），尽量避免急转弯。

b. 在高低不平的道路上，横过铁路道口行驶或进出车门时，应紧握转向盘，以免转向盘受汽车吊颠簸的作用力而猛烈振动或转向，击伤手指或手腕。

c. 转动转向盘不可用力过猛，汽车吊运行停止后，不得原地转动转向盘，以免损伤转向机件。

d. 当右手操纵起升手柄、倾斜手柄时，左手可通过快转手柄单手操纵控制转向盘。

（2）离合器的运用

离合器的使用非常频繁。汽车吊驾驶员可以根据装卸作业的需要，踏下或松开离合器踏板，使发动机与变速器暂时分离或平稳接合，切断或传递动力，满足汽车吊不同工况的要求。

① 操作方法。使用离合器时，用左脚踏在离合器踏板上，以膝和脚关节的伸屈动作踏下或放松。踏下即分离，动作要迅速、利索，并一次踏到底，使之分离彻底，不能拖泥带水；松抬即接合，放松时一般在离合器尚未接合前的自由行程内可稍快。当离合器开始接合时应稍停，逐渐慢慢松抬，不能松抬过猛，待完全接合后迅速将脚移开，放在踏板的左下方。

② 注意事项。

a. 汽车吊行驶中，不论是高挡换低挡，还是低挡换高挡，禁止不踏离合器换挡。

b. 汽车吊行驶不使用离合器时，不得将脚放在离合器踏板上，以免离合器发生半联动现象，影响动力传递，加剧离合器片、分离轴承等机件的磨损。

c. 一般若不是十分必要，不得采取不踏离合器而制动停车的操作方法。

d. 经常检查并保持分离杠杆与分离轴承的间隙，并对离合器分离轴承、座、套等按时检查加油。

(3) 变速器的挡位及操作

汽车吊变速器挡位分为空挡、前进 1～8 挡、后退 R 挡。汽车吊在行驶和作业中，换挡比较频繁，及时、准确、迅速地换挡，对于提高作业效率、延长汽车吊的使用寿命、节省燃料起着重要作用，如图 8-3 所示。

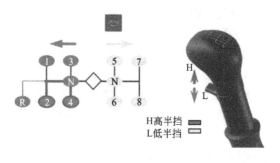

图 8-3　变速操纵位置

① 操作方法。速度控制杆用于控制机器的行走速度，把速度控制杆放置到合适的位置可得到所希望的速度范围，如图 8-4 所示。

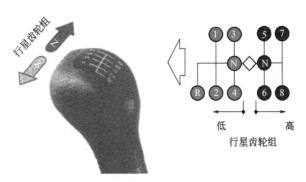

图 8-4　控制杆、踏板总体图

② 注意事项。操纵变速杆换挡时，右手要握住变速杆，换挡结束后立即松开，动作要干净利落，不得强推硬拽。方向逆变时，必须待汽车吊停稳后，方可换挡，以免损坏机件；要根据车速变化及时变换挡位。

（4）制动器的运用

在运行中，汽车吊的减速或停车是靠驾驶员操作制动器和驻车制动器来实现的。正确合理地运用制动器，是保证作业安全的重要条件，同时对减少轮胎的磨损、延长制动机件的使用寿命有着直接的影响。使用制动器应注意以下问题。

① 不得穿拖鞋开车。

② 汽车吊在雨、雪、冰冻等路面或站台上行驶，不得进行紧急制动，以免发生侧滑或掉下站台。

③ 一般情况下，不得采取不用离合器而进行制动停车的操作方法。

④ 不得以倒车代替制动（紧急情况下除外）。

⑤ 使用驻车制动前，必须先用制动器使车停住。使用驻车制动器时，不可用力过猛，以防推杆体、护杆套脱落，卡住制动蹄片。运行时严禁用驻车制动，只有在制动器失灵、又遇紧急情况需

要停车时，才可用驻车制动紧急停车。停车时，必须拉紧驻车制动。

（5）加速踏板的操作

操纵加速踏板要以右腿跟为支点，前脚掌轻踩加速踏板，用脚关节的伸屈动作踩下或放松。操纵时要平稳用力，不得猛踩、快踩、连续抖动。

8.1.2　启动与熄火

（1）启动

启动前，应检查冷却液高度、机油和燃油量、蓄电池电解液液面高度、灯光、仪表、轮胎气压等。驾驶员按照启动前应检查的程序、内容、要求，进行认真检查后，方可启动。

① 操作方法。正常启动发动机，检查机器周围应没有人或障碍物，然后鸣喇叭和启动发动机。不能让启动机连续转动 20s 以上，如果发动机没能启动，至少要等 2min 才能再次启动。把钥匙转到 ON 位置，如图 8-5（b）所示。然后把加速踏板轻轻踩下，如图 8-5（c）所示。把启动开关的钥匙转到启动位置启动发动机，如图 8-5（d）所示。当发动机已启动，把启动开关的钥匙放开，钥匙将自动返回到 ON 位置，如图 8-5（e）所示。

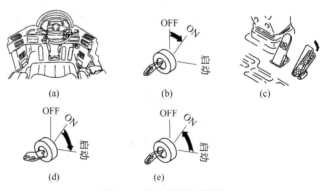

(a)　　　　　(b)　　　　　(c)

(d)　　　　　(e)

图 8-5　点火开关的使用

a. 拉紧驻车制动，变速杆置空挡位置。

b. 打开点火开关，接通点火线路。

c. 左脚踏下离合器踏板，右脚稍踏下加速踏板，汽油机要拉出阻风门拉钮（热机时不必拉出），转动点火开关钥匙置启动位置即可启动；柴油机要旋转启动旋钮或按钮。

d. 发动机启动后，待发动机怠速运转稳定后，松开离合器踏板，保持低速运转，逐渐升高发动机温度。切勿猛踩加速踏板，以免造成机油压力过高，使发动机磨损加剧。

② 注意事项。

a. 发动机在低温条件下，应进行预热，一般可采用加注热水的方法并用手摇柄摇转曲轴，使各润滑面得到较充分的润滑，严禁使用明火预热。

严寒情况下冷机启动时，先用手转动风扇，防止水泵轴冻结，转动汽油泵摇臂，使化油器内充满汽油，预热发动机再行启动。

b. 启动机一次工作时间不得超过 5s，切不可长时间按下按钮不放，以免损坏启动机和蓄电池。连续启动不超过 2 次，每次之间的间隔应为 10～15s。连续 3 次仍然启动不了，应进行检查，待故障排除后，再行启动。

c. 禁止使用拖拉、顶撞、溜坡或猛抬离合器踏板的方法进行启动，以免损伤机件及发生事故。

（2）熄火

汽车吊作业结束需要停熄时，汽油汽车吊只需将点火开关关闭，观察电流表指针的摆动情况，即可判断电路是否已经切断。在停熄发动机前，切勿猛踏加速踏板轰车，这不仅会浪费燃料，而且还会增加发动机的磨损。如果在发动机温度过高时熄火，首先应使发动机怠速运转 1～2min，使机件均匀冷却，然后再关闭点火开关，将发动机停熄。

柴油汽车吊停熄时，应先以怠速运转数分钟，待机件得到均匀冷却后，操纵停车手柄，使喷油泵柱塞转至不供油位置，便可停熄。

8.1.3 起步与停车

（1）起步

汽车吊起步是驾驶训练最常用、最基础的科目，主要包括平路起步和坡道起步。汽车吊完成启动操作后，发动机运转正常，无漏油、漏水现象，货叉升降平稳，门架倾斜到位，便可以挂挡起步。

① 平路起步。汽车吊在平路上起步时，身体要保持正确的驾驶姿势，两眼注视前方道路和交通情况，不得低头看。操作要领是：

a. 左脚迅速踏下离合器踏板，右手将变速杆挂入 1 挡，换向杆挂入前进挡或倒挡。一般要用低速挡起步，可用 1 挡。

b. 松开驻车制动操纵杆、打转向灯、鸣笛。

c. 在慢慢抬起离合器踏板的同时，平稳地踏下加速踏板，使汽车吊慢慢起步。

起步时应保证迅速、平稳，无冲动、振抖、熄火现象，操作动作要准确。

平稳起步的关键在于离合器踏板和加速踏板的配合。离合器与加速踏板的配合要领：左脚快抬听声音，音变车抖稍一停，右脚平稳踏加速踏板，左脚慢抬车前进。

② 坡道起步。

a. 操作要领。

• 在坡道上行驶至坡中停车，发动机不熄火，挂入空挡，靠制动及加速踏板保持动平衡，车不下滑。

• 起步时，挂入前进 1 挡，踩下加速踏板，同时松抬离合器踏板至半联动，并松开驻车制动器，再接着逐渐加速，松开离合器踏板，起步上坡前进。

• 起步时，若感到后溜或动力不足，应立即停车，重新起步。

b. 操作要求。

• 坡道上起步时，起步平稳，发动机不得熄火。

• 汽车吊不能下滑，车轮不能空转。

• 换挡时不能发出声响。

(2) 停车

① 操作要领。

a. 松开加速踏板，打开右转向灯，徐徐向停车地点停靠。

b. 踏下制动踏板，当车速较慢时踏下离合器踏板，使汽车吊平稳停下。

c. 拉紧驻车制动杆，将变速杆和方向操纵杆移到空挡。

d. 松开离合器踏板和制动踏板，关闭转向灯和点火开关，将熄火拉钮拉出后再关上。

② 操作要求。

a. 熟记口诀：减速靠右车身正，适当制动把车停，拉紧制动放空挡，踏板松开再关灯（熄火）。

b. 平稳停车的关键在于根据车速的快慢适当地运用制动踏板，特别是要停住时，应适当放松一下踏板。方法包括：轻重轻、重轻重、间歇制动和一脚制动等。

8.1.4 直线行驶与换挡

(1) 直线行驶

直线行驶主要包括起步、行驶，应注意离合器、制动器和加速踏板的使用以及换挡操作等。图 8-6 为汽车吊直行。

图 8-6　汽车吊直行

① 操作要领。

a. 直线行驶时，要看远顾近，注意两旁。

b. 操纵转向盘，应以左手为主，右手为辅，或左手握住转向盘手柄操作。双手操纵转向盘用力要均衡、自然，要细心体会转向盘的游动间隙。

c. 如路面不平、车头偏斜时，应及时修正方向，修正方向要少打少回。

② 注意事项。

a. 驾驶时要身体坐直，左手握住快速转向手柄，右手放在转向盘下方，目视汽车吊行进的前方，精力集中。

b. 开始练习时，由于各种操作动作不熟练，绝对禁止开快车。

c. 行驶中，除有时一手必须操作其他装置（如门架的升降、前后倾等）外，不得用单手操纵转向盘。

(2) 换挡

① 汽车吊挡位。汽车吊挡位一般分为方向挡和速度挡，即前进挡和后退挡、低速挡和高速挡。汽车吊行驶中，要根据情况及时换挡。在平坦的路面上，汽车吊起步后应及时换上高速挡。

② 换挡操作要领。低速挡换高速挡叫加挡，高速挡换低速挡叫减挡。

a. 加挡。通常用两脚离合器。先加速，当车速上升后，踏下离合器踏板，变速杆移入空挡，抬起踏板，再迅速踏下并将变速杆推入高速挡。最后在抬起离合器踏板的同时，缓缓加油。

b. 减挡。通常用两脚离合器，中间踏下加速踏板。先放松加速踏板，使汽车吊减速，然后踏下离合器踏板，将变速杆移入空挡，在抬起离合器踏板后踏下加速踏板，再踏下离合器踏板，并将变速杆挂入低挡。最后在放松离合器踏板的同时踏下加速踏板。

汽车吊在行驶中，驾驶员应准确地掌握换挡时机。加挡过早或减挡过晚，都会因发动机动力不足造成传动系统抖动；加挡过晚或减挡过早，则会使低挡使用时间过长，而使燃料经济性变坏，必须掌握换挡时机，做到及时、准确、平稳、迅速。

③ 注意事项。

a. 换挡时两眼应注视前方，保持正确的驾驶姿势，不得向下看变速杆。

b. 变速杆移至空挡后不要来回晃动。

c. 齿轮发响和不能换挡时，不准硬推，应重新换挡。

d. 换挡时要掌握好转向盘。

8.1.5 转向与制动

(1) 转向

汽车吊在行驶中，常因道路情况或作业需要而改变行驶方向。汽车吊转向是靠偏转后轮完成的，因此汽车吊在窄道上作直角转弯时，应特别注意外轮差，防止后轮出线或刮碰障碍物。

① 操作要领。当汽车吊驶近弯道时，应沿道路的内侧行驶，在车头接近弯道时，逐渐把转向盘转到底，使内前轮与路边保持一定的安全距离。驶离弯道后，应立即回转方向，并按直线行驶。

② 注意事项。

a. 要正确使用转向盘，弯缓应早转慢打，少打少回；弯急应迟转快打，多打多回。

b. 转弯时，车速要慢，转动转向盘不能过急，以免造成侧滑。

c. 转弯时，应尽量避免使用制动，尤其是紧急制动。

(2) 制动

制动是降低车速和停车的手段，它是保障安全行车和作业的重要条件，也是衡量驾驶员驾驶操作技术水平的一项重要内容。一般按照需要制动的情况，可分为预见性制动和紧急制动。

预见性制动就是驾驶员在驾驶汽车吊行驶作业中，根据行进前方道路及工作情况，提前做好准备，有目的地采取减速或停车的措施。

紧急制动就是驾驶员在行驶中突遇紧急情况，所采取的立即正确使用制动器，在最短的距离内将车停住，避免事故发生的措施。

① 制动的操作要领。

a. 确定停车目标，放松加速踏板。

b. 均匀地踩下制动踏板，当车速减慢后，再踩下离合器踏板，平稳停靠在预定目标处。

c. 拉紧驻车制动杆，将变速杆和方向操纵杆移至空挡。

d. 关闭点火开关，拉出熄火拉钮，待发动机停转后，再按下熄火拉钮。

② 定位制动。在距汽车吊起点 20m 处，放置一个定点物，汽车吊制动后，要求货叉能够触到定点物但不能将其撞倒。

a. 操作要求。

• 汽车吊从起点起步后，以高速挡行驶全程，换挡时不能发出响声。

• 制动后发动机不能熄火。

• 叉尖轻轻接触定点物，但不能将其撞倒。

b. 操作要领。

• 汽车吊从起点起步后，立即加速，并换入高速挡。

• 根据目标情况，踩下制动踏板，降低车速。

• 当接近目标汽车吊将要停下时，踏下离合器踏板，并在汽车吊前叉距目标 10cm 时，踩下制动踏板将车停住。

• 将变速杆放入空挡，松开离合器和制动踏板。

8.1.6 倒车与调头

(1) 倒车

① 操作要领。汽车吊后倒时，应先观察车后情况，并选好倒车目标。挂上倒挡起步后，要控制好车速，注意周围情况，并随时修正方向。图 8-7 为倒车操作。

图 8-7 倒车操作

倒车时，可以注视后窗倒车、注视侧方倒车、注视后视镜倒车。目标选择以汽车吊纵向中心线对准目标中心、汽车吊车身边线或车轮靠近目标边缘为宜。

② 操作要求。

a. 汽车吊倒车时，应先观察好周围环境，必要时应下车观察。

b. 直线倒车时，应使后轮保持正直，修正时要少打少回。

c. 曲线倒车应先看清车后情况，在具备倒车条件下方可倒车。

d. 倒车转弯时，在照顾全车动向的前提下，还要特别注意后内侧车轮及翼子板是否会驶出路外或碰及障碍物。在倒车过程中，内前轮应尽量靠近桩位或障碍物，以便及时修正方向，避让障碍物。

③ 注意事项。

a. 应特别注意内轮差，防止内前轮出线或刮碰障碍物。

b. 应注意转向、回转方向的时机和速度。

c. 曲线倒车时，尽量靠近外侧边线行驶，避免内侧刮碰或压线。

d. 汽车吊后倒时，应先观察车后情况，并选好倒车目标。

（2）调头

汽车吊在行驶或作业时，有时需要调头改变行驶方向。调头应选择较宽、较平的路面。

① 操作要领。先降低车速，换入低挡，使汽车吊驶近道路右侧，然后将转向盘迅速向左转到底，待前轮接近左侧路边时，踏下离合器踏板，并迅速向右回转方向，制动停车。

挂上倒挡起步后，向右转足方向，到适当位置，踩下离合器踏板，向左回转方向，制动停车。

当道路较窄时，重复以上动作。调头完成后，挂前进挡行驶。

② 操作要求。

a. 在调头过程中不得熄火，不得转死方向，车轮不得接触边线。

b. 车辆停稳后不得转动转向盘。

c. 必须在规定较短时间内完成调头。

③ 注意事项。在保证安全的前提下，尽量选择便于调头的地

点，如交叉路口、广场，平坦、宽阔、土质坚硬的路段。避免在坡道、窄路或交通复杂地段进行调头。禁止在桥梁、隧道、涵洞或铁路交叉道口等处调头。

a. 调头时采用低速挡，速度应平稳。

b. 注意汽车吊后轮转向的特点。

c. 禁止采用半联动方式，以减少离合器的磨损。

8.2　场内驾驶训练

学会汽车吊的基本驾驶动作之后，还要根据实际需要，进行更严格的训练。汽车吊场内驾驶是把前面所学的起步、换挡、转向、制动、停车等单项操作，在规定的场地内，按规定的标准和要求进行综合练习。通过练习，可以培养、锻炼驾驶员的目测判断能力和驾驶技巧，提高汽车吊驾驶技术水平。

8.2.1　直弯通道行驶

汽车吊在作业时，经常在狭窄的直弯通道中行驶，必须考虑场地的通道宽度和汽车吊的转弯半径，只有正确驾驶操作，才能保证安全顺利地作业。

(1) 场地设置

如图 8-8 所示，路宽要根据训练机器的大小尺寸来确定，路宽＝外转向轮半径－内前轮半径＋安全距离。路长可以任意设定。

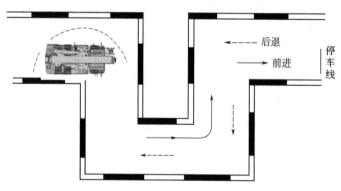

图 8-8　直弯通道场地设置

（2）操作要求

汽车吊起步后前进行驶，经过右转—左转—左转—右转后，到达停车位；然后接原路后退行驶，经过右转—左转—左转—右转后，返回到起始位置。行驶过程中要保持匀速行驶，做到不刮、不碰、不熄火、不停车。

（3）操作要领

① 前进。车辆应尽量靠近内侧边线，内侧车轮与内侧边线应保持约 0.10m 的距离，并保持平行前进。距离直角 1～2m 处，减速慢行。待门架与折转点平齐时，迅速向左（右）转动转向盘至极限位置，使汽车吊内前轮绕直角转动；直到后轮将越过外侧边线时，再回转转向盘。把方向回正后，按新的行进方向行驶，完成此次前进操作。

② 后退。汽车吊后轮沿外侧行驶，为前轮留下安全行驶距离。当汽车吊横向中心线与直角点对齐时，迅速向左（右）转动转向盘到极限位置，待前轮转过直角点时立即回转方向摆正车身，继续后退行驶。

（4）注意事项

① 应特别注意外轮差，防止后轮出线或刮碰障碍物。

② 要控制好车速，注意转向、回转方向的时机和速度。

③ 操作时用低速挡匀速通过。

④ 尽量靠近内侧边线行驶，转向要迅速，注意不要刮碰。

⑤ 转弯后应注意及时回正方向，避免刮碰内侧。

8.2.2 绕 "8" 字形训练

（1）场地设置

绕 "8" 字可以进一步练习汽车吊的转向，训练驾驶员对转向盘的使用和行驶方向的控制，如图 8-9 所示。

汽车吊路宽 = 车宽 + 80cm；电动汽车吊路宽 = 车宽 + 60cm。

大圆直径 = 2.5 倍车长。

小圆直径 = 大圆直径 - 路宽。

（2）操作要求

① 车速不宜过快，操作时用同一挡位行驶全程。待操作熟练

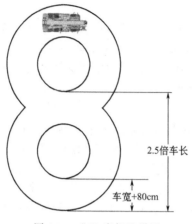

图 8-9 "8"字场地设置

2.5倍车长

车宽+80cm

后，再适当加速。

② 汽车吊行进时，内、外侧不能刮碰或压线。

③ 中途不能熄火、停车。

（3）操作要领

① 汽车吊从"8"字形场地顶端驶入，运用加速踏板要平稳，并保持匀速行驶，防止汽车吊动力不足。

② 汽车吊稍靠近内圈行驶，前内轮尽量靠近内圆线，随内圆变换方向，避免外侧刮碰或压线。

③ 通过交叉点时，在汽车吊与待驶入的通道对正时，及时回正方向；同时改变目标，并向另一侧转向继续行驶。转向要快而适当，修正要及时少量。

④ 汽车吊后倒时，后外轮应靠近外圈，随外圈变换方向，如同转大弯一样，随时修正方向。

（4）注意事项

① 应特别注意外轮差，防止后轮出线或刮碰障碍物。

② 注意转向、回转方向的时机和速度。

③ 尽量靠近内侧边线行驶，避免外侧刮碰或压线。

④ 转弯后应注意及时回正方向。同时改变目标，并向另一侧

转向继续行驶。

8.2.3 侧方移位的训练

汽车吊在作业中，采用前进和后倒的方法，由一侧向另一侧移位，叫侧方移位。

(1) 场地设置

场地设置如图 8-10 所示，车位长（1-4、2-5、3-6）为两车长；车位宽（甲、乙两库宽之和）＝两车宽＋80cm。

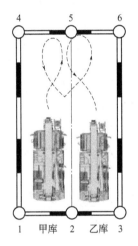

图 8-10　汽车吊侧方移位

(2) 操作要求

① 按规定的行驶路线完成操作，两进、两倒完成侧方移位至另一侧后方时，要求车正、轮正。

② 操作过程中车身任何部位不得碰、挂桩杆，不准越线。

③ 每次进退过程中，不得中途停车，操作中不得熄火，不得使用"半联动"和打"死方向"。

(3) 操作要领

① 汽车吊从左侧（甲库）移向右侧（乙库）。

a. 第一次前进。起步后稍向右转向，使左侧沿标志线慢慢前进，当货叉前端距前标志线半米时，迅速向左转向，全车身朝向左方。在距标志线约 30cm 时，踏下离合器，向右快速回转方向并停车。

b. 第一次倒车。起步后继续把方向盘向右转到底，并边倒车边向左回转方向。当车尾距后标志线半米时，迅速向右转向并停车。

c. 第二次前进。起步后向右继续转向，然后向左回正方向，使汽车吊前进至适当位置停车。

d. 第二次倒车。应注意修正方向，使汽车吊正直停在右侧库中。

② 汽车吊从右侧（乙库）向左侧（甲库）移位。

汽车吊从右侧（乙库）向左侧（甲库）移位的要领与汽车吊从左侧（甲库）移向右侧（乙库）的要领基本相同。

8.2.4 倒进车库的训练

(1) 场地设置

场地设置如图 8-11 所示，车库长＝车长＋40cm，车库宽＝车宽＋40cm。

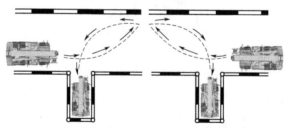

图 8-11　汽车吊倒进车库场地设置

(2) 操作要领

① 前进。倒进车库前，汽车吊以低速挡起步，先靠近车库一侧的边线行驶。当前轮接近库门右桩杆时，迅速向左转向，当前进至货叉距边线约 1m 时，迅速并适时地回转转向盘，同时立即停车。

② 后倒。后倒前，看清后方，选好倒车目标，起步后继续转向，注意左侧，使其沿车库一侧慢慢后倒，并兼顾右侧。当车身接

近车库中心线时，及时向左回正方向，并对方向进行修正，使汽车吊在车库中央行驶。当车尾与车库两后桩杆相距约 20cm 时，立即停车。

（3）注意事项

要注意观察两旁，进退速度要慢，确保不刮不碰；汽车吊应正直停在车库中间，货叉和车尾不超出库外或库线之外。

8.2.5 越障碍的训练

（1）场地设置

场地设置如图 8-12 所示。

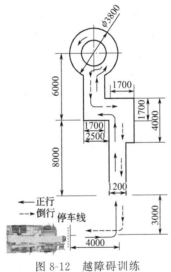

图 8-12 越障碍训练

（2）操作要求

① 门架垂直，货叉在最大宽度位置。

② 在规定的时间内汽车吊由起点驶入障碍区；起步、进出障碍区要鸣笛。

③ 行驶中不擦、碰障碍物（按图线要求每 490mm 摆放一标杆作为障碍物）。在行驶中不能熄火。

④ 在圆角处绕过一周后，再倒退返回原地，按规定停放汽

车吊。

(3) 操作要领

① 汽车吊前进时，用低速挡起步行驶。

a. 当汽车吊货叉前端与通道边线平行时，开始转向，使汽车吊处于通道中间，保持低速行驶。

b. 当接近转弯时，使汽车吊靠近左侧行驶，当汽车吊门架与弯道横线平行时，迅速转向使汽车吊进入横向弯道，同时使汽车吊靠近右侧，并转向使汽车吊进入纵向通道。

c. 当汽车吊门架与环形通道接触时，开始转向，使汽车吊沿弯道左侧行驶，绕行一周后，前进行驶结束。

② 汽车吊驶过环形通道后，再进行倒退行驶。

a. 驾驶员要按倒车要领，瞄准汽车吊尾部，使汽车吊沿外侧行驶，当尾部与弯道横线接触时开始转向，使汽车吊转弯进入横道或纵向通道。

b. 驶入窄道时，要使汽车吊保持在中间行驶，驶出窄道后，边转弯边使汽车吊正直停放在原位。

8.2.6 装载货物曲线行驶训练

(1) 训练器材

① 普通沙土锥或石子锥。

② 铁标杆 18 个（高 1500mm、直径 8mm，底座为边长 150mm、厚度为 8mm 的等边三角形）。

(2) 场地设置

按图 8-13 所示画线立标杆，将沙土锥或石子锥放在一号位内，汽车吊放置在车库里。

L—汽车吊最大长度，mm；

B、B_1、B_2—两标杆中心线距离，mm；

B_1、$B_2 = B + 500mm$。

(3) 操作要领

① 接到指挥信号后，汽车吊鸣笛起步进入一号位，铲取土料装满斗后倒回车库，铲斗离地 200～300mm，行驶到二号位，卸下

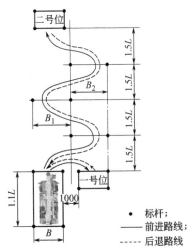

图 8-13　装载货物曲线行驶训练示意图

土料，空车倒回车库。

②　汽车吊再进一号位，铲取土料装满斗后，按第一次的路线，行驶到二号位，卸下土料（一次放齐，不能再整理），然后将车倒回车库，按规定停放。在规定的时间内完成上述动作。

（4）操作要求

①　行驶中发动机不能熄火。

②　行驶中土料不能脱落、翻倒。

③　不能原地死打转向盘。

④　不能擦碰及碰倒标杆。

⑤　车轮不能压线。

8.2.7　场地综合技能驾驶训练与考核

场地综合驾驶训练是在基础驾驶的基础上进行的综合性驾驶技能练习。通过训练，进一步巩固、强化和提高"五大基本功"的操作技能和目测判断能力，使驾驶员能熟练、协调地操作各驾驶操纵装置，为在复杂条件下驾驶汽车吊打下良好技术基础。

（1）场地设置

以 ZL30 型汽车吊为例，综合场地设置如图 8-14 所示。

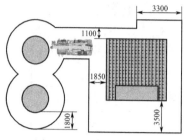

图 8-14　综合场地设置

（2）操作内容

综合场地训练内容如图 8-15 所示。重车操作及考核可在汽车吊作业内容完成后进行。

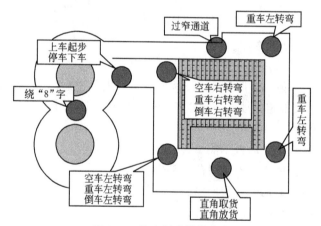

图 8-15　综合场地训练内容

第9章
场内吊装训练

操作者在使用起重机前，必须熟悉各操作要点，充分掌握基本的操作方法。如果操作不当或超出其允许的要求，不但不能发挥起重机的优越性能，反而会缩短其使用寿命，甚至会造成重大事故。所以操作者必须严格依照操作要点，进行正确的操作。

9.1 汽车吊稳定的方法

9.1.1 支腿操作及注意事项

如图 9-1 所示为支腿操作控制。

（1）平地基本支腿操作

① 操纵要点。

a. 用与地面相适应的垫板将起重机支平。

b. 使轮胎离开地面处于悬空状态。

c. 起重机原则上应呈水平状态支设在水平而坚实的地面上，万一不得不在松软或倾斜的地面打支腿时，也一定要用与地面相适应的垫板将起重机支平。

d. 起重机支好后，必须确认每个支腿盘确实接触地面，不可有塌陷隐患。

e. 禁止在水平支腿没有完全伸出的情况下支设起重机。

f. 支腿跨距为 4.75m×5.8m。

② 支腿操作杆。

a. 选择图 9-2 所示操作杆 1、2、3、4 的位置以选择水平油缸的伸缩或垂直油缸的升降。

在结束操作之后，应迅速将操作杆扳回到中位，在开始起重作

图 9-1　支腿操作控制

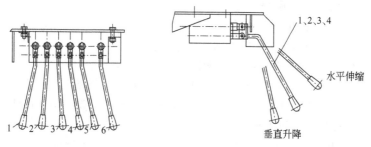

图 9-2　操作手柄　　　　图 9-3　水平、垂直支腿操作手柄

业前一定要确认操作杆是否扳回中位。

　　b. 选择总控手柄的位置以选择垂直支腿油缸或水平支腿油缸的伸出或缩回。

　　③ 收放水平支腿。将图 9-3 操作杆 1、2、3、4 均置于支腿水平伸缩位置，然后将操作杆 6 推到伸出位置，则四个水平油缸同时伸出，待全部伸出后，将所有操作杆扳回中位，完成水平支腿的伸

出。收回水平支腿时，准备工作与前述相同，只需将操作杆 6 拉回到缩回位置即可。

④ 收放垂直支腿。将图 9-4 操作杆 1、2、3、4 均置于支腿升降油缸的位置，然后将操作杆 6 推到伸出位置，则四个垂直支腿同时伸出，将车身抬起至轮胎全部离地后，将所有操作杆均扳回到中位。收回垂直支腿时，准备工作与前述相同，只需将操作杆 6 拉到缩回位置即可。

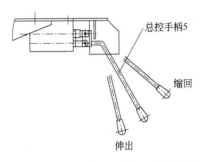

图 9-4　水平、垂直支腿伸、缩操作手柄

⑤ 收放第五支腿。伸出左右四个垂直支腿并调整好后，方能伸出第五支腿。将操作杆 5 置于支腿升降油缸的位置，然后将操作杆 6 推到伸出位置，则第五支腿伸出到支腿盘刚触地为止，绝不允许出现因第五支腿伸出过长而导致前面两支腿松动不受力的情况出现。操作完成后将操作杆 5 扳回到中位。收回第五支腿时，准备工作与前述相同，只需将操作杆 6 拉到缩回位置即可，但必须先全行程缩回第五支腿，然后再收回左右四个活动支腿。

⑥ 调平起重机。

如果伸出支腿升降油缸后起重机未支平，应按下列步骤将其调平。

例如起重机右侧较高时：

a. 将左前杆 1 和左后杆 3 扳回到中位。

b. 缓慢将总控操作杆 6 扳向缩回侧，同时仔细观察水平仪。

c. 一旦水平仪调平，就将所有操作杆扳回到中位。

注：必须保证起重机轮胎全部离开地面，每个支腿确实都与地面接触。

（2）支腿注意事项

①起重机必须支承在坚固而平坦的地面上（若地面较软，应在支腿盘座下垫好结实的垫块）。

②起重机水平调整完成后，轮胎要离开地面，调平时要注意观察水平仪。调整完后将支腿操纵阀的各操纵手柄扳回至中位。

③支腿必须伸到所规定的位置。不允许在只伸垂直腿而不伸水平腿的状况下起吊重物。

④在起吊重物作业过程中，禁止操作下车支腿操纵阀。若需调整支腿时，必须重物落地，起重臂全缩后放在吊臂支架上，工作人员必须回到地面后方可进行支腿的调整。

9.1.2　沟坡地段的吊装作业

沟坡地段的吊装作业通常是指吊装场所或吊装机具附近有明沟或暗沟、设备基础边有回填土、场地有较大坡度、河边和路肩边等条件比较复杂、苛刻的环境下进行的吊装作业。在这些环境下吊装作业非常危险，如果不能发现问题和处理好吊装机具的基础，在吊装作业受力作用下，则很容易发生地基不均匀沉降引起起重机倾斜、甚至翻车，造成重物坠毁、起重机损坏、人员伤亡的重大吊装事故。所以起重指挥和作业人员，在这些环境下使用起重机作业时，必须反复勘察现场，选择最优方案，采取有效措施，才能安全顺利地完成任务。

下面以QY50汽车起重机为例介绍几种常用的支腿地基的处理方法。如图9-5所示为QY50汽车起重机支腿地基处理。

（1）明沟处理方法

如果起重机支腿位置的地下有明沟或暗沟，应事先对沟内有什么及其用途了解清楚。如是压力管线或电缆，应采取可靠保护措施，比如填沙、加保护管、加盖板等方法做地下处理，然后上面铺垫枕木和钢结构路基箱，必要时加设保险腿枕木。如发现暗沟，又可以打开，则可按明沟处理方法解决。如怀疑有暗沟，可以根据周边的窨井来判断暗沟的性质，然后加以妥善处理。

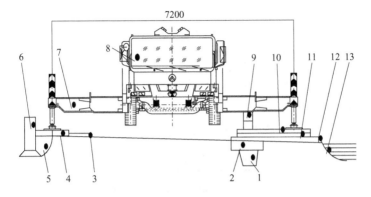

图 9-5　QY50 汽车起重机支腿地基处理

1—暗沟；2—暗沟盖板；3、12—坡度垫平；4、10—枕木；5—回填土；

6—设备基础；7—支腿；8—起重机；9—保险腿枕木；

11—钢结构路基箱；13—河边路肩

（2）设备基础边有回填土处理方法

当起重机支腿支承位置靠近设备基础边时，必须考虑基础周边是否为回填土，回填土地基对吊车支腿最为危险。由于不易察觉，支垫吊车时未发现基础周边回填土，而在吊车做回转动作时，回填土地基下沉，易造成事故。所以设备基础周边的回填土必须挖开，按压力强度要求重新回填，或回填毛石、片石、碎石和土，以达到需要的地耐力。然后再按图 9-5 中 3、4、5 的方法处理，铺垫枕木或钢结构路基箱，必要时加设保险腿枕木，以加固基础。

（3）有较大坡度的场地

当起重机作业位置场地有较大坡度时，可以去掉高地、填平低洼处，也可以按起重机各自支腿范围进行平整处理。然后上面铺垫枕木或钢结构路基箱，必要时加设保险腿枕木，按图 9-5 中 11、12、13 的方法处理。

（4）河边和路肩边

当起重机作业的位置处在河边和路肩边时，需要特别引起注意，由于河边和路肩边的土质疏松，对吊车支腿最为危险。由于不易察觉，支垫吊车时未发现上述情况，而吊车做回转动作时，河边和路肩边的地基下沉，易造成翻车事故。所以在这种情况下作业时，可以先在吊车支腿位置处的地基附近，打下数根支撑加固桩，然后适当回填毛石或片石加大支撑面积。在地面上铺垫枕木或钢结构路基箱，必要时加设保险腿枕木，按图9-5中3、4、9、10、11、12的方法处理。

表9-1列出了各种土质的抗压强度，仅供使用者参考。

表9-1　各种土质的抗压强度

土质类别			最大抗压强度/MPa
未经压实的瓦砾土			0～0.1
自然土处女地	泥路、沼泽地、荒野		0
	黏合土	粗砂和石子地	0.2
		泥浆地	0
		软性土地	0.04
		坚实土地	0.1
		半固体土地	0.2
		坚硬土地	0.4
	在良好条件和状态下未受风化的细微裂岩石	压实地层	1.5
		由块状、粒状岩石构成的地层	3.0

注：本机要求的地面抗压强度3MPa系指起吊最大额定载荷时要求的地面抗压强度，若起吊载荷小，则对地面的要求随之下降。

9.1.3　狭窄场所内的吊装作业

狭窄场所通常是指起重机周围拥挤、空间狭窄、环境复杂、条件苛刻情况下的吊装作业。特别在石化装置内，工艺管线纵横交错、塔体林立、框架多层、动静设备密布和建筑物等相互衔接。同时为了发挥投资效益而缩短工期，在有些旧装置改造项目中，甚至边生产边施工，给起重机吊装作业带来很大困难；还有些狭长的地方水平支腿不能全伸，而吊车做起钩、变幅、回转动作时，易造成翻车事故。所以在吊装之前，应仔细勘察地形、合理地选择作业支撑位置，才能最终安全顺利完成任务。

9.1.4 狭窄场所内的吊装操作实例

以 QY16 汽车起重机为例。

（1）水平支腿的调整方法

例如，起重机在侧方和后方作业时，左侧支腿不能全伸，参照图 9-2 应按下列步骤进行调整。

① 将操作杆 1、2、3、4 扳至水平油缸位置。

② 将总控手柄 6 扳至伸出位置，同时仔细观察左侧支腿是否接近障碍物。

③ 左侧支腿伸到一定位置时，将操作杆 1、3 扳回至中位。

④ 继续操纵 2、4 操作杆至右侧支腿全伸。

⑤ 把操作杆 1、2、3、4 扳至垂直油缸位置，调平整车。

（2）注意事项

① 水平支腿伸出接近障碍物时，速度不宜太快。

② 支腿跨距减小，整机稳定性减小，额定起重量随之减小。

③ 起重机做起钩、变幅、回转动作时，要仔细观察运动过程中是否与其他物体相碰。

9.2 汽车吊作业训练

9.2.1 上车操作注意事项

（1）操作前检查

① 检查起重机的液压油位，保证液压油量达到规定值。

② 检查各零部件状态，确认无异常现象，严禁在有异常情况下作业。

③ 起重机工作时不得进行检查和维修。

④ 发动机启动后，进行慢速空转，使发动机充分预热。

⑤ 接通取力装置前，必须确认各操作手柄和开关均处在"中位"或"断开"的位置上。

⑥ 空载操作，确认各操作手柄和开关无异常现象，严禁在有异常情况下作业。

⑦ 对智能控制器进行作业前预检。

⑧ 检查所有安全装置（如报警指示灯等）有无异常。

⑨ 起重机操作前，应先接通下车操纵室内的电源开关。

（2）起重作业注意事项

① 一定要在额定起重量范围内进行起重作业，严禁超载作业。严禁斜拉、斜吊物品，严禁抽吊交错挤压的物品，严禁起吊埋在土里或冻黏在地上的物品。

② 一般情况下，不允许用两台或两台以上的起重机同时起吊一个重物。特殊情况下，钢丝绳应保持垂直，各台起重机的升降运行应保持同步，各台起重机所承受的载荷均不得超过各自的额定起重量。

③ 在载荷作用下，因主起重臂发生挠曲而使工作幅度加大，因而用户在估算起重量和工作幅度时，要考虑这个因素。

④ 在开始熟悉起重机操作期间，操作起重机的动作要缓慢。

⑤ 起重作业时要集中精力，不要东张西望，不得与其他人员闲谈。只对指定的指挥员的信号做出反应。但对于任何人任何时候发出的停止信号均应服从。

⑥ 起重机作业时要注意观察周围情况，避免发生事故。当重物处于悬挂状态时，司机不得离开工作岗位。

⑦ 注意查看液压油温度。油温超过 80℃ 时必须停止操作。油缸、液压油箱等内部液压油的体积会热胀冷缩，如油温较高时伸臂，一段时间后油温下降引起起重臂自然回缩，可进行伸臂操作（严禁带载伸缩）恢复所需长度。

⑧ 注意天气预报。

a. 风速超过 10m/s 时，禁止起重作业。

b. 若遇大风或雷电，必须停止起重作业，并收存起重臂。

⑨ 不得托拽尚未离地的重物。

⑩ 起升机构。

a. 切勿急剧地扳动起升机构的操作手柄。

b. 进行起重作业前，检查制动器，确认正常后再起吊。在起吊载荷尚未离开地面前，不得用起臂和伸臂操作将其吊离地面，只能进行起钩操作。

c. 根据起重臂长度，选用合适的钢丝绳倍率。

d. 因钢丝绳打卷而发生起重钩旋转时，要把钢丝绳完全解开后方能起吊作业。

e. 不得急剧换向操作起升机构。

f. 落钩时必须在卷筒上至少要留 3 圈以上的钢丝绳。

⑪ 主起重臂伸缩、变幅操作。

a. 伸臂前，要充分降下起重钩。

b. 不可急剧地扳动起重臂变幅操作手柄。

c. 严禁带载伸缩。

⑫ 回转机构。

a. 操作前，必须使转台脱离防转锁紧装置。

b. 进行回转操作时，注意检查回转区域内不得有任何障碍物。

c. 自由滑转时，需按下开关 S10 或 S11。

d. 回转机构呈自由滑转状态时，应注意地面的坡度、风载荷、惯性等对自由滑转的影响。

e. 不得急剧地扳动回转机构操作手柄。

⑬ 副起重臂安装调整。

a. 支腿必须处于全伸状态。

b. 转动副臂时，要用副起升钢丝绳或类似的工具将其拉住，慢慢转动。

c. 副起重臂安装后，将副臂高度限位器插头接到主起重臂侧的插座。副起重臂收存前先拔下副臂高度限位器的插头。

d. 拔出副起重臂固定销后，严禁操作起重机使起重机行走，否则副起重臂会脱落下来。

e. 收存副起重臂时，不要过分绕起副起升钢丝绳。

f. 在进行副起重臂倾角的变换操作以及副起重臂的伸出操作之前，应预先起臂，以确保充分的离地高度。

9.2.2 上车的操作

目前生产的 QY16、QY25 汽车起重机的电气操作、支腿操作、油门操作、起升机构操作、主起重臂伸缩及变幅操作、回转机构操作、副臂安装操作等基本相同；QY50 与 QY16、QY25 在主起重臂伸缩方面略有区别，现以 QY16 和 QY50 为例，介绍起重机正确的操作方法。

（1）QY50 主起重臂伸缩操作

① 操纵室电气控制。

控制面板（图 9-6）：集中显示操作和安全工况。

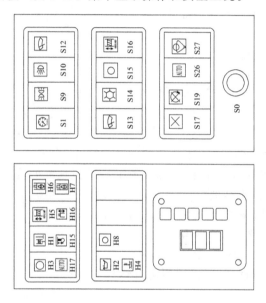

图 9-6　控制面板

H16—伸缩指示灯；S0—钥匙开关；H17—自动指示灯；

S16—副卷扬开关；S26—自动开关（Ⅰ位：自动伸缩；0 位：检修）；

S27—检修开关（Ⅰ位：2# 油缸伸缩；0 位：1# 油缸伸缩）

右控制手柄：主卷扬、变幅、自由滑转和喇叭。

左控制手柄：副卷扬伸缩臂和回转、自由滑转和喇叭。

② 伸缩操作。

本机伸缩机构由Ⅰ号伸缩油缸、Ⅱ号伸缩油缸及钢丝绳滑轮机构组成。Ⅰ号伸缩油缸单独伸缩第二节臂，Ⅱ号伸缩油缸同步伸缩

第三、四、五节臂。

a. 开关S16置于0位，左控制手柄向前推为伸臂，左控制手柄向后拉为缩臂；其伸臂或缩臂速度是由操纵左控制手柄向前或向后的位移量和改变发动机油门大小来控制。

b. 严禁带载伸缩。

c. 主臂伸时只允许在Ⅰ号伸缩油缸全部伸出后（即第二节臂完全伸出），方能伸Ⅱ号伸缩油缸，主臂缩回时只允许Ⅱ号伸缩油缸全部缩回后（即第三、四、五节臂全部缩回）方能缩Ⅰ号伸缩油缸。顺序自动伸缩Ⅰ号伸缩油缸、Ⅱ号伸缩油缸时，将自动伸缩开关S26置于Ⅰ位，S16置于0位，S27置于0位，操作左控制手柄即可。

d. 伸臂时应适当地降下起重钩以防过卷。

e. 检修工况时，若要求第二节臂不伸出，而只需要伸缩第三、四、五节臂时，应将S26置于0位，S16置于0位，检修开关S27置于Ⅰ位，操纵左控制手柄，完成伸缩Ⅱ号油缸操作；若只需要伸缩第二节臂时，应将S26置于0位，手动开关S27置于0位并操纵左控制手柄，完成伸缩Ⅰ号油缸操作。

注：严禁不伸二节臂，只伸三、四、五节臂作业。

（2）QY16汽车起重机操作方法

① 发动机启动、熄火操作。

a. 发动机启动。将启动钥匙插入启动锁，顺时针转动Ⅰ挡，电源接通，上车控制系统供电，继续转动钥匙至Ⅲ挡，发动机即可启动，每次启动时间不超过5s，启动间隔时间不超过15s，若2～3次不能启动，应检查原因。

b. 发动机熄火。按下控制面板上的熄火开关S19，即将开关S19置于Ⅰ挡，延时1～2s后松开，发动机即熄火，熄火后将启动钥匙置于0挡。

② 安全控制操作。

在起重作业前，首先要对智能控制器进行正确的设置。

工况1：钢绳倍率。工况2：支腿状态。工况3：副臂设定。工况4：范围限制。不正确的智能控制器设置，可能会带来严重的车辆损毁及人身安全事故。

　　a. 系统压力开关（S5）：合上后才能进行起重作业。

　　b. 高度限位器：由主副臂端部限位开关和重锤构成，当吊钩上升托起限位器撞块时，高度限位开关动作，智能控制器发出声光报警，并限制起重机向危险方向操作。

　　c. 过放：当起重钩下降至卷扬钢丝绳剩余三圈时自动停止且报警。

　　d. 液压滤油器阻塞（H3、H4）。

　　e. 发动机检测：机油压力过低报警灯（H2）。

　　③ 操纵室机构操作。

　　a. 控制手柄。左控制手柄：伸缩臂和回转操作。右控制手柄：主卷扬和变幅操作。

　　b. 使用说明。闭合主电源前，应使所有的控制器手柄置于中位。该机设置有过载解除开关（座椅右边控制箱上的钥匙开关），若本机过载，应小心使用该开关。

　　④ 油门操作。

　　a. 通过脚踩上车油门踏板，控制发动机油门大小，可改变各机构的动作速度。

　　b. 油门踏板安装在操纵室底板右侧，脚踩踏板力≤13kgf。

　　⑤ 起升机构操作。

　　a. 操作要点。

　　• 只允许垂直起吊载荷，不允许拖拽尚未离地的载荷，要尽量避免侧载。

　　• 起升机构操作动作不可过急。

　　• 起升作业之前，必须确认起升机构制动器正常工作。

　　b. 主起升操作方法。

　　按下主令开关 S5，前推右控制手柄，起重钩下落，后拉，起重钩上升；起落速度由右控制手柄和油门来调节。

　　c. 副起升操作方法。

　　按下主令开关 S5 和伸缩/副卷扬转换开关，将左控制手柄前推，副起重钩下落，后拉，副起重钩上升；起落速度由左控制手柄和油门来调节。

注：为了防止起吊重物时有侧载，在起升操作的同时，按住自由回转开关，使其具有自由滑转功能，使起重臂自由滑转正对重物重心，重物离地后再松开自由回转开关。

⑥ 主起重臂伸缩操作。

a. 操作要点。

主起重臂伸缩时，起重钩会随之升降。因此在主起重臂伸缩的同时，要进行起升操作，使起重钩高度适宜。主起重臂伸出后，液压油温的变化会引起主起重臂的微量伸缩。例如，在主起重臂伸出量为 5m 时，若液压油温降低 10℃ 约缩回 40mm。上述的自然伸缩量除了受液压油温变化的影响外，还受到主起重臂伸缩状态、主起重臂仰角、润滑状态等因素的影响。为了避免主起重臂的自然回缩，应注意以下事项。

• 不要使液压油温升过高。

• 主起重臂发生自然回缩时，可适当进行伸缩操作来调整所需长度。

• 不允许带载伸缩。

b. 伸缩操纵方法。

按下主令开关 S5，将操纵手柄向前推，主起重臂伸出，向后拉则主起重臂缩回，速度由操作手柄和油门来调节。

⑦ 主起重臂变幅操作。

a. 操作要点。

• 只允许垂直起吊载荷，不允许拖拽尚未离地的载荷，要注意避免侧载。

• 不可超出主起重臂仰角极限值（使用范围）。

• 开始和停止变幅操作时，应缓慢操作，不可过急。

b. 主起重臂变幅操作方法。

按下主令开关 S5，将操作手柄向右扳为落臂；左扳为起臂。其变幅速度由操纵手柄和油门控制。

c. 主起重臂仰角与总起重量、工作半径之间的关系。

降臂时工作半径加大，而额定总起重量则减小；起臂时工作半径减小，而额定总起重量则增加。

⑧ 回转机构操作。

a. 操作要点。

•只能垂直起吊载荷，不许拖拽尚未离地的载荷，要注意避免侧载。

•在开始回转操作前，应检查并保证支腿的横向跨距符合规定值。

•必须确保足够的作业空间。

•开始和停止回转操作时，动作要慢，不可过急。

•在起重机回转之前，必须脱开转台机械锁定装置。

b. 回转操作方法。

执行回转动作之前，应先脱开机械锁定装置，左操作手柄向右扳，转台向右转；左操作手柄向左扳，转台向左转。其左转或右转的速度是由操纵左控制手柄向左或向右的位移量和改变发动机油门大小来控制。

⑨ 副起重臂的安装使用操作。

a. 操作要点。

•首先要确认支腿完全伸出，支撑在坚实地面上，并保证起重机呈水平状态。

•安装副起重臂时，在副起重臂旋转运动范围内禁止站人。

•在安装和收存副起重臂前，要确保足够的作业空间。

•应按照本手册给定的步骤安装收存副起重臂，严禁下列事项发生，否则会损伤副起重臂：

在副钩和副臂顶端接触时进行伸出主臂操作。

位于主臂侧面的副臂固定销没有可靠锁定时，进行起重机操作和起重机行走。

安装和收存副臂时，向前摆出和向后折回副起重臂的动作切勿过快。

•安装和收存副起重臂必须在高处作业时，应使用梯子，以保证安全。

b. 安装和拆卸副臂方法。

•副起重臂应在主起重臂和支腿全伸情况下使用。

• 副起重臂安装（图 9-7、图 9-8）。

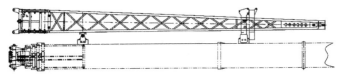

图 9-7　副臂与主臂连接

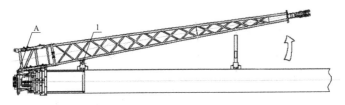

图 9-8　副臂展开过程

主起重臂全缩，并在整车侧后方放下。

拆去副起重臂上的销轴，以销轴 1 为转轴旋转，使副臂销孔与主起重臂的销孔对齐，插上销轴 A。

拆去销轴 1，将整个副起重臂绕销轴 A 旋转，使副臂另一侧销孔与主起重臂相应的销孔对齐，插上销轴 A。

将副卷扬钢丝绳从主起重臂头部中间滑轮处取出。

将钢丝绳穿过副臂滚轮及副臂头部滑轮。

将副臂上的插头与主臂头部的接线插座接好，安装起升限位开关碰块。

安装副钩。

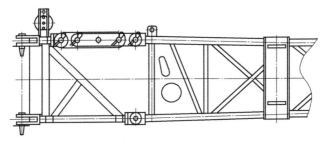

图 9-9　副臂 0°安装图

• 先在 0°状态下安装好副臂，然后落下副臂直至头部着地，拆下销轴，将其固定在 15°相对应的孔中（图 9-9、图 9-10）。慢慢起升主臂，使副臂处于工作状态。

• 副起重臂拆卸。副起重臂使用完毕后，按以上步骤的相反程序即可拆下副臂，并固定在主起重臂的右侧。这样，副臂就处于收回状态。

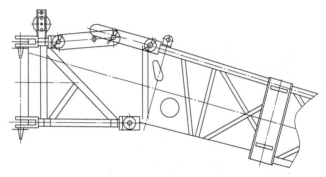

图 9-10　副臂 15°安装图

第10章
施工吊装作业

10.1 吊运物重量的确认

10.1.1 起重吊点的选择

在吊装各种物体时，为避免物体的倾斜、翻倒、转动，应根据物体的形状特点、重心位置，正确选择起重吊点，使物体在吊运过程中有足够的稳定性，以免发生事故。

(1) 物体的稳定

起重吊运作业中，物体的稳定应从两方面考虑。

① 物体放置时应保证有可靠的稳定性，如图 10-1 所示。

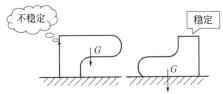

图 10-1　放置物体时的稳定性

放置物体时存在支承面的平衡稳定问题。如图 10-2 所示为长方形物体竖放时，不同位置上的不同受力分析。

长方形物体在图 10-2(a) 所示的状态时，重力 G 作用线通过物体重心与支反力 R 处于平衡状态；在图 10-2(b) 所示的状态时，在 F 力的作用下，稍有倾斜，但重力 G 的作用线未超过支承面，此时三个力形成平衡状态，如果去掉 F 力，物体就会恢复到原来位置；在图 10-2(c) 所示的状态时，物体倾斜到重力 G 作用线超过支承边缘支反力 R 时，即使不再施加 F 力，物体也会在重力 G 与支反力 R

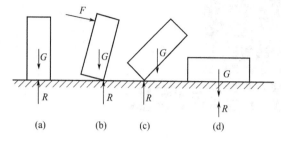

图 10-2　长方形物体放置时的四种状态

形成的力矩作用下倾倒，即失稳状态。由此可见，要使原来处于稳定平衡状态的物体，在重力作用下翻倒，必须使物体的重力作用线超出支承面；如果将物体改为平放，如图 10-2(d) 所示，其重心降低了很多，再使其翻倒就不容易了，这说明加大重物的支承面积，降低重物的重心，能有效提高物体的稳定性。

　　② 物体吊运过程中应有可靠的稳定性。吊运物体时，为防止提升、运输过程中物体发生翻转、摆动、倾斜，应使吊点和被吊物重心在同一条铅垂线上，如图 10-3 所示。

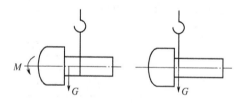

图 10-3　物体吊运时的稳定性

　　流动式起重机保持稳定的条件：

$$G'a > Gb$$

式中　G'——起重机的自重载荷，N；

　　　a——起重机的自重载荷到支承边的距离，m；

　　　G——起重机的起吊载荷，N；

　　　b——起重机的起吊载荷到支承边的距离，m。

（2）物体吊点选择的原则

　　① 试吊法选择吊点。估计物件重心位置，采用低位试吊的方

法来逐步找到重心，确定吊点的绑扎位置。

②有起吊耳环物件的吊点。有起吊耳环的物件使用耳环作为连接物体的吊点，在吊装前应检查耳环是否完好，必要时可加保护性辅助吊索，如图 10-4、图 10-5 所示。

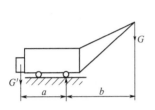

图 10-4 流动式起重机稳定性

图 10-5 使用起吊耳环作为吊点

③长形物体吊点的选择。对于长形物体，若采用竖吊，则吊点应在重心之上。用一个吊点时，吊点位置应在距起吊端 $0.3l$（l 为物体长度）处，如图 10-6(a) 所示。

如采用两个吊点时，吊点距物体两端的距离为 $0.2l$，如图 10-6(b) 所示。

采用三个吊点时，其中两端的吊点距两端的距离为 $0.13l$，而中间吊点的位置应在物体重心，如图 10-6(c) 所示。

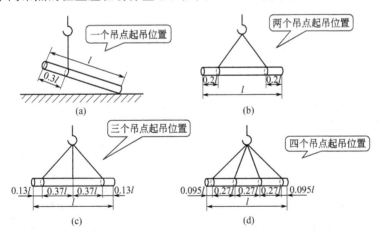

图 10-6 长形物体吊点的确定

采用四个吊点时，两端的两个吊点距两端的距离为 0.095l，中间两个吊点的距离为 0.27l，如图 10-6(d) 所示。

④ 方形物体吊点的选择。吊装方形物体一般采用四个吊点，四个吊点位置应选在边对称的位置上。吊点应与吊物重心在同一条铅垂线上，使吊物处于稳定平衡状态。注意防止吊物在提升时发生滑动或滚动。

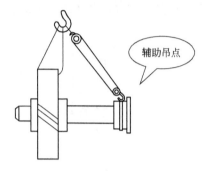

辅助吊点

图 10-7 机械设备安装
平衡辅助吊点

⑤ 机械设备安装平衡辅助吊点。在机械设备安装精度要求较高时，可采用选择辅助吊点配合简易吊具调节机件平衡的吊装法，如图 10-7 所示。

⑥ 两台起重机吊同一物体时吊点的选择。物体的重量超过一台起重机的额定起重量时，通常采用两台起重机使用平衡梁吊运物体的方法。此方法应满足两个条件。

a. 被吊装物体的重量与平衡梁重量之和应小于两台起重机额定起重量之和，并且每台起重机的起重量应留有 1.2 倍的安全系数。

b. 利用平衡梁合理分配载荷，使两台起重机均不超载。

当两台起重机起重量相等时，即 $G_{n1} = G_{n2}$，则吊点应选在平衡梁中点处，如图 10-8 所示。

当两台起重机起重量不等时，见图 10-9，则应根据力矩平衡条件选择吊点距离 a 或 b。

在两台起重机同时吊运一个物体时，正确地指挥两台起重机统一动作是安全完成吊装工作的关键。

⑦ 物体翻转吊点的选择。兜翻是常见的物体翻转方法，将吊点选择在物体重心之下，见图 10-10(a)；或将吊点选择在物体重心一侧，见图 10-10(b)。物体兜翻时应根据需要加护绳，护绳的长度应略长于物体不稳定状态时的长度，同时应指挥吊车，使吊钩顺

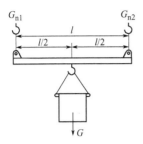

图 10-8 起重量相同时的吊点

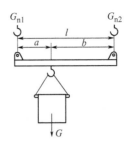

图 10-9 起重量不同时的吊点

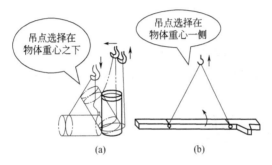

(a)　　　　(b)

图 10-10 物体兜翻

向移动，避免物体倾倒后的碰撞冲击。

对于大型物体翻转，一般采用绑扎后利用几组滑轮或主副钩或两台起重机在空中完成翻转作业。翻转绑扎时，应根据物体的重心位置、形状特点选择吊点，使物体在空中能顺利安全翻转。

例：用主副钩对大型封头的空中翻转，在略高于封头重心且相隔 180°的位置上选两个吊装点 A 和 B，在略低于封头重心与 A、B 中线垂直的位置上选一吊点 C，主钩吊 A、B 两点，副钩吊 C 点，起升主钩使封头处在翻转作业空间内。副钩上升，用改变其重心的方法使封头开始翻转，直至封头重心越过 A、B 点，翻转完成 135°时，副钩再下降，使封头回到水平位置，至此便完成了封头 180°空中翻转作业，如图 10-11 所示。

物体翻转或吊运时，每个吊环、节点所承受的力应满足安全吊运的受力需要。吊装大直径薄壁型物件和大型桁架结构时，应特别

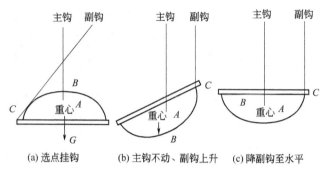

(a) 选点挂钩　(b) 主钩不动、副钩上升　(c) 降副钩至水平

图 10-11　封头翻转 180°

注意所选择的吊点是否能满足被吊物件整体刚度或构件结构的局部稳定性要求，避免起吊后发生由整体变形或局部变形而造成的物件损坏。对于这些物件应采用临时加固法或采用辅助吊具法，如图 10-12 所示。

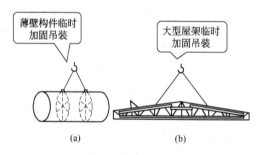

薄壁构件临时加固吊装

大型屋架临时加固吊装

(a)　(b)

图 10-12　辅助吊具法

10.1.2　吊装物件的绑扎

为了保证物件在吊装过程中安全可靠，吊装之前应根据物件的重量、外形特点、精密程度、安装要求、吊装方法，合理选择绑扎法及吊索具。

(1) 柱形物体的绑扎方法

① 平行吊装绑扎法。

a. 用一个吊点，仅用于短小、重量轻的物品，如图 10-13 所示。在绑扎前应找准物件的重心，使被吊物处于水平状态。

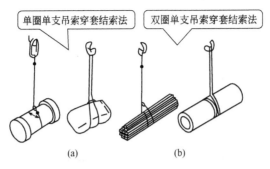

图 10-13　用一个吊点

b. 用两个吊点，绑扎在物件的两端，常采用双支穿套结索法和吊篮式结索法，如图 10-14 所示。

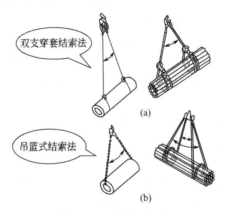

图 10-14　用两个吊点

② 垂直斜形吊装绑扎法。垂直斜形吊装绑扎法多用于物件外形尺寸较长、对物件安装有特殊要求的场合。其绑扎点多为一点绑扎（也可两点绑扎），如图 10-15、图 10-16 所示。绑扎位置在物体端部，绑扎时应根据物件重量选择吊索和卸扣，并采用双圈或双圈以上穿套结索法，防止物件吊起后发生滑脱。

（2）长方形物体绑扎方法

通常采用平行吊装两点绑扎法。如果物件重心居中可不用绑扎，采用兜挂法直接吊装。

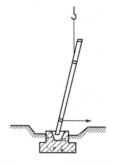

图 10-15　一点绑扎法

图 10-16　两点绑扎法

10.1.3　绑扎物体安全要求

① 绑扎前必须正确计算或估算物体的重量及其重心的确切位置，使物体的重心置于捆绑绳吊点范围之内。

② 绑扎用钢丝绳吊索，卸扣的选用要留有一定的安全余量，绑扎前必须进行严格检查，如发现损坏应及时更换，未达到报废标准时，应在出现异常部位处做出明显标记，作为继续检查的重点。

③ 严格检查捆绑绳规格，并保证其有足够的长度。

④ 用于绑扎的钢丝绳吊索不得用插接、打结或绳卡固定连接的方法缩短或加长。

⑤ 绑扎后的钢丝绳吊索提升重物时，各分支受力应均匀，分支间夹角一般不应超过 90°，最大时不得超过 120°。

⑥ 采用穿套结索法，应选用足够长的吊索，以确保挡套处角度不超过 120°，且在挡套处不得向下施加损坏吊索的压紧力。

⑦ 吊索绕过被吊重物的曲率半径应不小于该绳径的 2 倍。

⑧ 绑扎吊运大型或薄壁物件时，应采取加固措施。

⑨ 当被吊物具有边角尖棱时，为防止捆绑绳被割断，必须在绳与被吊物体间垫厚木块。

⑩ 注意风载荷对物体引起的受力变化。

⑪ 卸载时，亦应在确认吊物放置稳妥后落钩卸载。

10.2 吊运作业要求及注意事项

10.2.1 作业人员理论及实际操作考核要求

① 熟练掌握常用绳结的结法及其应用场合。

② 起重作业人员能根据物件的重量、形状、大小及特点，正确地选择相应的吊装索具、吊具等。

③ 起重作业人员能通过理论计算或估算的办法，判断确定出物件的重心，合理选择吊点；物件起吊后观察物件的平稳性，来评判吊点选择的合理性。

④ 起重作业人员对不同的物件，会正确选择绑扎方法，并能合理可靠熟练地运用。

⑤ 选择一适当物件，翻转 180°，观察评判起重作业人员选择索具或吊具、吊点的合理性，绑扎方法技巧性及翻转有效性等。

⑥ 起重指挥人员应进行理论及实际操作考核。主要考核起重指挥人员现场实际指挥技术要领、安全意识和临场组织协调及应急应变能力；考核方法按 GB 5082—1985《起重吊运指挥信号》进行。

　　a. 能够避免起重作业的各种风险因素，做到安全作业。

　　b. 把握好起重作业的工作循环及风险因素。

　　c. 加强安全生产防患意识、重视多人作业的相互配合。

10.2.2 起重作业的风险因素

在事故多发的各种作业中，起重事故的数量多、后果严重、经济损失大，一直是安全监控的重点特种设备。起重作业的高风险是由它的特殊运动形式和作业特点决定的。了解其高风险特点对生产和人身安全有着重大的意义。

(1) 起重作业的工作循环

取物装置（取物）—多个工作机构的空间运动（单向或多向组合)/（直线或旋转）—物料安放到指定位置（卸料）—空载回到原处（准备再次作业）。

(2) 起重机械的作业特点

① 周期性的间歇作业。

② 移动范围大。

③ 运动方式复杂，可能是多个工作机构的单独运动或组合运动。

④ 作业人员配合要求高，整个工作循环需要地面指挥人员、司索工和起重机司机三方面人员的紧密配合协调完成。

(3) 起重作业的风险因素

① 起重物料的势能高的原因：物料具有高势能。起重搬运的载荷质量大，一般都上百吨重，有的高达几百吨。起重搬运过程是将重物悬吊在空中的运动过程。由于载荷质量大、位置高，因而具有很高的势能。一旦发生意外，高势能就会迅速转化为高动能，造成严重后果。

② 作业空间范围大的原因：起重机庞大的金属结构横跨车间或作业场地，高居其他设备、设施和施工人群之上，起重机起吊物料，可实现带载情况下，起重机部分或整体在较大范围内移动运行，在作业区域增大的同时，也使危险的影响范围加大。

③ 机构运动多维性的原因：起重机械的危险源点多且分散。与其他固定式机械不同的是，起重机在作业过程中需要整体移动，并且起重搬运过程是借助多个机构的组合运动来实现。每个机构都存在大量结构复杂、形状不一、运动各异、速度多变的可动零部件，再加上吊载的三维空间的运移，这样形成了起重机械的危险源点多且分散的特点。

④ 群体性作业的原因：起重作业是起重机司机、地面指挥等多人多环节协作完成的作业。起重作业的过程是通过地面司索工捆绑吊物、挂钩、卸货，起重司机操纵起重机将物料吊起，按地面指挥要求，通过空间运行，将吊物放到指定位置。每一次吊运循环，都必须是多人合作完成，无论哪个环节出问题，都可能发生意外。

10.2.3 与工作条件有关的危害

在室内的起重机，地面设备多，人员集中；在室外的起重机，会受气象条件和场地限制；在夜间作业，会受作业范围内的采光条件影响。另外，物料的种类繁多，包括成件、散料、液体、固液混合等物料，形态各异。此外，流动式起重机还涉及地形和周围环境等众多因素的影响。

　　起重作业的常见工作危害如图 10-17～图 10-25 所示。起重机指挥作业地面泥土松软时，应使用较坚固及大面积的垫木将重力分散，减少泥土的负荷，地面不平时，可调整支架令起重机水平距离为吊臂距离＋6m 或按电力公司建议的距离。

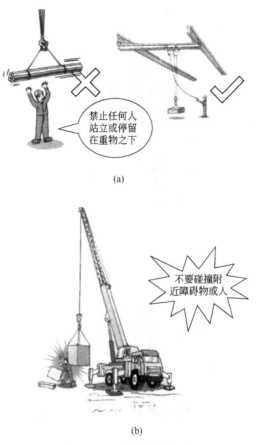

(a)

(b)

图 10-17　地面的人员安全

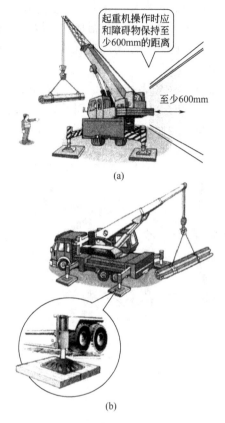

图 10-18　地面的设备安全

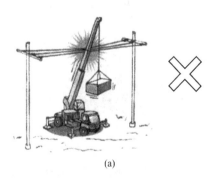

(a)

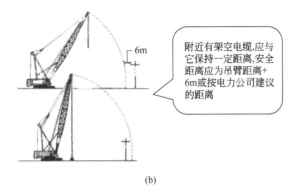

(b)

图 10-19　架空电线应防止物料下坠

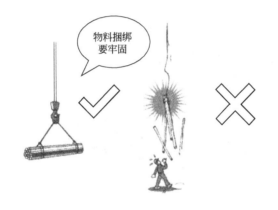

图 10-20　防止物料下坠

图 10-21　流动式起重机的地基条件

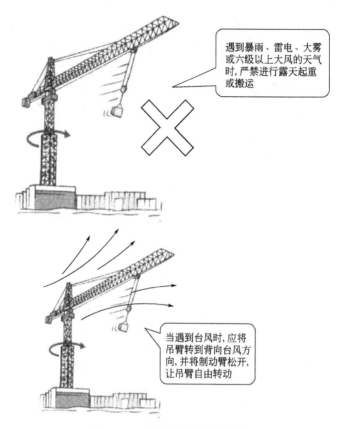

图 10-22　室外气候条件的影响

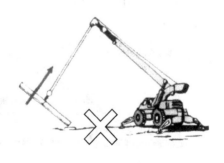

图 10-23　严禁拖行负荷物

图 10-24　防止吊臂或吊缆折断

计划合理的吊运途径，且尽量将负荷物贴近地面运行

图 10-25　吊运路径要合理

10.2.4　起重作业的操作技术

（1）一般操作技术

①找正。即准确地把吊钩停放在被吊物的上方。用大、小车进行找正，用大车找正比较容易，因为吊物几乎就在司机的正前方；若判断小车停止位置是否正确，要一边起钩，一边观察钢丝绳，如两边受力不一样，应把车向先受力的一侧移动一点，当两侧的绳子受力相等时，车就停正了。

②吊物。即在吊物接近绷直（吃劲）时，要慢慢起升，边起升、边校正大、小车位置，防止将吊物吊起后，出现摆动而伤人或吊物脱落。

③点车。这是当吊物将要吊起或落下接近目的地时使用的方法。这时司机要连续多次点动，连续点车要有节奏，每两次点车之

间的时间等于一次点车的时间，并应与指挥人员密切配合。

④ 停车。停车要稳，如果上下摆动，会给吊装作业造成困难；由于停车所产生的振动，除与制动器有关外，主要是决定于司机的操作方法是否正确。

⑤ 落活。应在吊物接近地面时缓慢有节奏地下落，一落到底容易使吊物倾倒。

⑥ 吊运。当吊运司机室一端的物件时，应把小车先开到吊运线路后，再把吊物吊到目的地，避免由于司机室影响视线而造成事故。

⑦ 稳钩。要使摆动的吊钩平稳地停在所需要的位置，或使吊钩随汽车吊平稳运行称为稳钩。

稳钩操作是当吊钩游摆到幅度最大而尚未向回游摆的瞬间，把车跟向摆动的方向。在跟车时即通过钢丝绳给吊钩一个与吊钩回摆力相反的力，从而抵消作用于吊钩水平方向的力，以消除摆动。跟车距离应使吊钩的中心恰好处于垂直位置，跟车速度不宜太慢。

横向游摆时开大车稳钩；纵向游摆时开小车稳钩；斜向或综合性游摆时，应同时跟大、小车稳钩。

(2) 特殊操作技术

① 翻活。翻活是司机经常遇到的一种操作，分地面翻转和空中翻转两种。在地面翻转时，一般用一个吊钩操作，在空中翻活时，一般用两个吊钩操作。地面翻活有兜翻、游翻、带翻三种。为了保证翻活的安全，在翻活操作时必须达到以下要求。

a. 兜翻。即把钢丝绳扣挂在被翻物的底部或侧面的下角部位，吊钩必须垂直向上吊。边吊边校正大、小车位置，使吊钩始终处于垂直状态；当被翻物的中心超过支撑点时，就会自行翻过去。这时，不论吊活用的钢丝绳松紧，都要立即向下落钩。兜翻主要用于不怕碰撞的毛坯件之类的物件。

b. 游翻。即把被翻物件吊起来后，再开车造成人为摆动，把被翻物件摆到幅度最大的瞬间迅速落钩，同时向回开车，当被翻物件下部着地后，上部就在惯性作用下继续向前倾倒，这时，吊钩就要顺势落下，同时开车继续校正，使吊钩在游翻过程中保持垂直。

游翻主要用于扁体物件的翻转。

c. 带翻。即把被翻物件吊起来后，再立即落下，落到钢丝绳绷紧的程度，然后向要翻倒的方向开车，把被翻物件带倒。在被翻物趋于自行倾倒时要顺势落钩，落钩时要使吊钩垂直。

带翻属于用歪拉的作业方法进行翻活（在翻活时这种作业是正常的），但最大斜拉角度不得大于 5°，一般以 3°左右为宜，如要大于 5°时，必须改变吊挂方法和采取其他措施。

② 双吊钩操作。

在主副钩换用时，不能在主副钩达到相同高度的情况下，再去同时开动两个吊钩，因为这样操作，司机常常只顾一个吊钩而不能顾及另一个，很容易忘记吊钩还在上升，如果开关限位失灵，就会导致吊钩"升天"事故。另外，在开动两个吊钩的同时，又开动大车或小车，上升的吊钩就会产生严重游摆。由于司机忘记了上升的吊钩，即使在接近极限位置时，吊钩有可能顶在支撑重锤水平杆的立杆上，虽然上升限位开关没有发生故障，但也不能起到正常作用，而会导致吊钩"升天"事故。

第4篇
汽车起重机维护保养与故障排除

第11章
汽车吊维护与保养

汽车吊的使用单位，除了要求操作人员严格遵守相关特种设备的技术规范和安全操作规程外，还应高度重视其保养和维护，在设备为生产创造经济效益的同时，也要把部分资金投入到汽车吊设备的保养和维护工作中去，定期保养，及时维修，以更好地确保设备和人身安全。

11.1 维护保养的主要内容

11.1.1 维护保养的内容

汽车吊保养有许多内容，按其作业性质区分，主要工作有清洁、检查、紧固、调整和润滑等。表 11-1 为汽车吊维护保养的主要内容。

表 11-1 汽车吊维护保养的主要内容

项目	内容	要求
清洁	清洁工作是提高保养质量、减轻机件磨损和降低油、材料消耗的基础，并为检查、紧固、调整和润滑做好准备	车容整洁，发动机及各总成部件和随车工具无污垢，各滤清器工作正常，液压油、机油无污染，各管路畅通无阻
检查	检查是通过检视、测量、试验和其他方法，来确定各总成、部件技术性能是否正常，工作是否可靠，机件有无变异和损坏，为正确使用、保管和维修提供可靠依据	发动机和各总成、部件状态正常，机件齐全可靠，各连接、紧固件完好
紧固	由于汽车吊运行工作中的颠簸、振动、机件热胀冷缩等原因，各紧固件的紧固程度会发生变化，甚至松动、损坏和丢失	各紧固件必须齐全无损坏，安装牢靠，紧固程度符合要求

项目	内容	要求
调整	调整工作是恢复汽车吊良好技术性能和确保正常配合间隙的重要工作。调整工作的好坏直接影响汽车吊的经济性和可靠性。所以,调整工作必须根据实际情况及时进行	熟悉各部件调整的技术要求,按照调整的方法、步骤,认真细致地进行调整
润滑	润滑工作是延长汽车吊使用寿命的重要工作,主要包括发动机、齿轮箱、液压油缸、制动油缸,以及传动部件关节等	按照不同地区和季节,正确选择润滑剂品种,加油的油品和工具应清洁,加油口和油嘴应擦拭干净,加油量应符合要求

11.1.2　汽车吊维护保养的时间

汽车吊使用单位要经常对在用的汽车吊机械进行检查维保,并制订一项"定期检查管理制度",包括日检、周检、月检、年检,对汽车吊进行动态监测,有异常情况随时发现,及时处理,从而保障汽车吊安全运行。

11.2　检查及内容

11.2.1　定期检查

为了确保起重机的作业安全和起重作业的高效率,应保持起重机各机构处于良好的技术状态。

定期检查中发现异常情况,应立即修理。每次作业前检查不得忽视下列部分。

① 支腿机构。

② 起重机构:回转,吊臂变幅、吊臂伸缩及起升机构。

③ 电气系统。

④ 安全装置。

11.2.2　检查项目

表 11-2 为检查项目。

表 11-2　检查项目

驱动装置	操作杆和开关 操作状态
	取力装置 ①有无松动和漏油 ②有无异常噪声和发热
	传动轴 ①法兰盘和连接件有无松动 ②有无振动、划伤和磨损
液压系统	液压油箱 ①有无松动和损坏 ②有无裂纹和漏油 ③油量、污染度和黏度
	液压泵 ①有无松动和损坏 ②有无异常噪声、振动和发热 ③有无漏油 ④吸油管路是否吸入空气 ⑤供油压力是否正常 ⑥管路接头有无松动和漏油
回转机构	转台 有无裂纹和变形
	减速器和回转支承 ①油量和油的污染度 ②齿轮箱有无裂纹、变形和漏油 ③有无异常噪声和振动 ④安装零件有无松动 ⑤液压马达的工作压力是否正常 ⑥油管接头有无松动和漏油 ⑦制动性能
	回转接头 ①有无漏油 ②回转状态以及有无异常噪声、振动和发热 ③炭刷与滑环间的导电状态
吊臂变幅机构	吊臂变幅油缸 ①支点销有无磨损和损伤 ②支点销锁板螺栓有无松动 ③有无漏油 ④有无振动和噪声 ⑤在起重作业时油缸是否自然缩回 ⑥软管有无老化、扭曲和变形

吊臂变幅机构	平衡阀 ①有无漏油 ②有无脉动 ③油管接头有无松动和漏油
吊臂伸缩机构	起重臂 ①有无裂纹、弯曲和损坏 ②吊臂底端支点销板螺栓有无松动 ③滑动表面有无划伤 ④支点销套有无磨损和损伤 ⑤滑动表面润滑状态 ⑥吊臂支架有无变形和裂纹
回转机构	吊臂伸缩油缸 ①动作状态(有无脉动和噪声,动作顺序是否正常) ②有无漏油 ③平衡阀的功能 ④油管接头是否松动 ⑤软管有无老化、扭曲和损伤
	钢丝绳 ①直径、断丝 ②扭结、变形 ③锈蚀情况、润滑状态 ④张紧状态
吊钩和钢丝绳	吊钩和滑轮 ①吊钩回转情况 ②有无变形 ③横梁摆动是否灵活 ④横梁与吊钩的连接情况 ⑤防脱钩销有无弯曲 ⑥滑轮回转情况(有无异常噪声) ⑦滑轮有无裂纹和磨损 ⑧滑轮支架和铲罩有无弯曲和损坏 ⑨润滑情况
起升机构	液压马达 ①安装零件有无松动和裂纹 ②有无漏油 ③有无噪声和振动 ④油管接头有无松动和漏油
	减速器 ①安装零件有无松动 ②有无噪声

起升机构	③轴承的磨损情况 ④润滑情况 ⑤有无漏油 ⑥制动性能
	平衡阀 ①有无漏油 ②油管接头有无松动和漏油 ③有无脉动
	卷筒 ①有无裂纹 ②有无钢丝绳乱绳
液压元件	多路阀 ①动作情况 ②有无漏油 ③螺栓有无松动
	溢流阀 调定压力
	管路 ①连接部位有无松动 ②有无漏油 ③管夹有无松动和裂纹 ④软管有无老化、扭曲和损坏
操纵部分	压力表 ①表针移动是否平衡 ②连接部分有无松动
	操纵杆和脚踏板 ①功能 ②有无间隙
	作业灯 ①能否点亮 ②有无破损 ③安装情况
	刮水器(挡风玻璃) ①动作情况 ②刷片有无磨损和损坏
	室内灯 能否点亮

操纵部分	蜂鸣器 功能
	高度限位器 ①动作情况 ②重锤吊索是否损坏 ③安装情况
	幅度指示器 ①功能 ②精度
	上车操纵室 ①螺母、螺栓有无松动 ②窗、门锁开关功能
	熄火开关 ①功能 ②安装情况
吊钩和钢丝绳	钢丝绳 ①直径 ②断丝 ③扭结 ④变形 ⑤锈蚀情况 ⑥绳套、楔子位置是否正确 ⑦钢丝绳绳夹、绳套的连接是否牢固可靠 ⑧钢丝绳绕过滑轮是否正确
支腿垂直油缸	支腿垂直油缸 ①起重作业时是否自然缩回 ②行驶过程中是否自然下沉 ③有无漏油 ④双向锁的功能 ⑤油管接头有无松动 ⑥有无噪声和振动 ⑦支腿盘有无变形和损坏
	固定支腿、活动支腿、支腿伸缩油缸 ①有无变形和损坏 ②活动支腿固定销和销套有无损伤 ③托架有无变形和裂纹 ④有无噪声和振动

支腿垂直油缸	⑤油管和软管连接部位有无松动 ⑥有无漏油
	多路阀 ①动作情况 ②油管接头有无松动 ③螺栓有无松动 ④有无漏油
	水平仪 ①外观有无划伤和变形 ②安装情况 ③气泡的状态

11.2.3　底盘的润滑

对汽车进行正确的润滑可以减少汽车零件的磨损。

① 汽车起重机底盘各部位的润滑方法见表 11-3。

表 11-3　各润滑点的检查

序号	润滑部位名称	润滑周期	润滑方法
1	主起重钩滑轮组	每周	油腔注射
2	主臂起升滑轮组	每周	油腔注射
3	二、三、四节主臂滑块	每周	涂抹、油腔注射
4	二、三、四节主臂滑块经过表面	每周	涂抹
5	变幅缸上下铰点轴	每周	油腔注射
6	副臂滑轮	使用前	油腔注射
7	主臂后铰点轴	每周	涂抹、油腔注射
8	回转支承	每周	油腔注射
9	回转机构小齿轮	每周	涂抹
10	副起重钩	使用前	涂抹
11	钢丝绳	每周	涂抹
12	钢丝绳(主臂伸缩用)	每周	涂抹

序号	润滑部位名称	润滑周期	润滑方法
13	支脚盘	每周	油腔注射
14	卷扬轴承座	每周	油腔注射

注：1. 加油前，擦净油杯和待涂表面。

2. 未列在表中的滑动表面也定期加润滑油。

3. 在将主臂收存到主臂支架上的状态下，如果主臂变幅油缸活塞杆一部分露出时，应对露出的部分每月涂抹一次润滑脂。

② 在实施润滑时应注意以下几点。

a. 正常使用情况下，按保养周期进行润滑，环境恶劣情况下要适当缩短保养周期。

b. 要选用规定的润滑油。代用油料必须性能接近，主要技术指标必须保证，并且用代用油时应注意经常检查润滑状态，且缩短润滑周期。

c. 更换发动机机油时，要在热状态时进行，以保证油能放尽。放油时应注意检查机油颜色是否正常和有无异物，以便发现故障隐患。待油放尽后，清除放油螺塞上的异物，然后拧紧。底盘润滑部位及润滑方法见表11-3。

d. 进行润滑前，要清洁入口。润滑后要清洁零件表面，以免沾上尘土和污物。

e. 发动机更换新机油滤芯时，应将新机油注入发动机到油尺上限。为防止在没有润滑油的情况下启动发动机，应使高压油泵处于断油位置时按启动按钮，空转一会儿后，再启动发动机，并低速运转。检查机油滤清器有无渗漏，停机5min后，检查并补充机油到油尺上限。

f. 更换机油滤芯：更换机油时，两个并联的机油滤清器要同时更换，在密封垫上涂上一层薄薄的油，并且紧固滤清器。

第12章
汽车吊常见故障及维修

12.1 汽车吊底盘故障概述

汽车起重机底盘在使用过程中，不可避免会出现各种故障，如紧固件松动、运动件磨损、密封件泄漏、电气元件老化等，这些故障既可能是由于操作不当发生的，也可能是因为零部件本身的原因造成的，还可能是因为外部环境造成的。若不及时排除这些故障，将会造成经济上的损失，甚至威胁到生命安全。在排除故障时，应掌握以下注意事项。

① 熟悉和了解汽车起重机底盘的性能和各部件的结构原理。

② 熟练掌握操作要领、提高驾驶水平、严格按照使用说明书进行正确操作。

③ 寻找故障时应遵循"由表及里、由外到内、由简到繁"的原则。

④ 通过"手摸、眼看、耳听、鼻闻"的方法来发现各种反常现象。

⑤ 积累经验，掌握故障发生规律。

为了减少和预防故障发生，提高整车的经济性和可靠性，驾驶员应该增强底盘的养护意识，按照"定期检测、强制维护、视情修理"的维修制度养成日常保养的习惯，定期对汽车的管线路、油水液面、紧固件等进行检查和维护，及时发现和消除故障及隐患，防止早期损坏，尽量保持完好的技术状态，提高起重机作业效率，并延长使用寿命。

12.2 柴油机常见故障及排除

表 12-1 为柴油机常见故障及排除。

表 12-1　柴油机常见故障及排除

故障原因	排除方法
1. 柴油机不能启动	
(1)启动机转速低或不转 ①蓄电池电量不足或接头松弛 ②启动机炭刷、转子损坏 ③启动机齿轮不能嵌入飞轮齿圈内 ④熔丝烧损 (2)燃油系统不正常 ①燃油箱中无油或燃油箱阀门未打开 ②燃油系统有空气,油中有水,接头处漏油、气 ③油路堵塞 ④输油泵不来油 ⑤喷油器不喷油或雾化不良;喷油器调压弹簧断;喷孔堵塞 ⑥喷油泵出油阀漏油,弹簧断,柱塞偶件磨损 (3)汽缸压缩压力不够 ①气门间隙过小 ②气门漏气 ③汽缸盖衬垫漏气 ④活塞环磨损,胶结,开口位置重叠 ⑤汽缸磨损 (4)其他原因 ①气温太低,机油黏度过大 ②燃烧室或汽缸中有水	①充电;旋紧接头,必要时修复接线柱 ②检修或更换 ③将飞轮转动一个位置,检查启动机安装情况 ④检修或更换 ①添加燃油;打开阀门 ②排除空气;更换柴油;检修漏油、漏气 ③检查管路是否畅通,清洗、更换柴油滤芯、滤网 ④检查输油泵进油管是否漏气;检修或更换输油泵 ⑤检修喷油器;并在喷油器校验器上按规定压力调整 ⑥研磨;修复或更换 ①按规定调整 ②研磨气门 ③更换汽缸盖衬垫,按规定拧紧汽缸盖螺母 ④更换,清洗,调整 ⑤更换汽缸套 ①冷却系加注热水,使用启动预热,使用规定牌号机油 ②检查,修复,更换
2. 机油压力不正常	
(1)机油压力过低或无压力 ①机油油面过低或变质 ②油管破裂;管接头未压紧漏油;机油压力表损坏 ③机油泵调压弹簧变形、断裂 ④机油泵间隙过大	①添加机油,更换机油 ②焊修;拧紧;更换 ③更换后再调整 ④修复,更换

故障原因	排除方法
⑤机油泵垫片破损,集滤器漏气	⑤更换;检修
⑥压力润滑系统各轴承配合间隙过大	⑥检修、调整或更换
⑦油道堵塞松漏	⑦检查、拧紧
(2)机油压力过高	
①机油泵限压阀工作不正常,回油不畅	①检查并调整
②气温低,机油黏度大	②热车后自行降低,使用规定牌号机油
(3)摇臂轴处上不去机油	
上汽缸盖油道和摇臂轴支座部的油孔阻塞	清洗,疏通

3. 排气管冒烟不正常

故障原因	排除方法
(1)排气冒黑烟	
①喷油器积炭堵塞,针阀卡阻	①检查,修复,更换调试
②负荷过重	②调整负荷,使之在规定范围内
③喷油太迟,部分柴油在排气过程中燃烧	③调整喷油泵提前角
④气门间隙不正确,气门密封不良	④检查气门间隙、气门密封工作面、气门导管等并调整修理
⑤喷油泵各缸供油不均匀	⑤调整各缸喷油量
⑥空气滤清器阻塞,进气不畅	⑥清洗或更换空气滤清器
(2)排气冒白烟	
①喷油压力太低,雾化不良,有滴油现象	①检查、调整或更换喷油器偶件
②发动机温度过低	②使发动机至正常温度
③汽缸内渗进水分	③检查汽缸盖衬垫
(3)排气冒蓝烟	
①活塞环磨损过大,或因积炭弹性不足,导致机油窜入汽缸燃烧室	①清洗或更换活塞环
②机油油面过高	②放出多余机油
③气环上下方向装错	③按规定装配

4. 功率不足

故障原因	排除方法
①柴油滤清器或输油泵进油管接头滤网堵塞	①清洗或更换
②喷油器压力不对或雾化不良	②检修喷油器或更换喷油器偶件
③喷油泵柱塞偶件磨损过度	③调整供油量或检修、更换柱塞偶件、出油阀偶件
④调速器弹簧松弛未达到额定转速	④上油泵试验台,调整高速限位螺钉,更换调速弹簧
⑤燃油系统进入空气	⑤排除燃油系统内空气
⑥喷油提前角不正确	⑥按规定调整

故障原因	排除方法
⑦各缸喷油量不正确 ⑧空气滤清器不畅 ⑨气门漏气 ⑩压缩压力不足 ⑪配气定时不对 ⑫喷油器孔漏气 ⑬汽缸盖螺母松	⑦上油泵试验台调整 ⑧清洁或更换滤芯 ⑨检查气门间隙、气门弹簧、气门导管、气门密封工作面,视情修理 ⑩调整、检修 ⑪凸轮磨损过度,正时齿轮键磨损,修理或更换 ⑫更换铜垫,清理孔表面,拧紧喷油器压板 ⑬按规定扭紧力矩拧紧
5. 不正常响声	
①供油提前角过大,汽缸内产生有节奏的金属敲击声 ②喷油器滴油和针阀咬住,突然发出"嗒嗒嗒"的声音 ③气门间隙过大,产生清晰有节奏的敲击声 ④活塞碰气门,有沉重而节奏均匀的敲击声 ⑤活塞碰汽缸盖底部,可听到沉重有力的敲击声 ⑥气门弹簧断、气门推杆弯曲、气门挺柱磨损,使配气机构发出轻微敲击声 ⑦活塞与汽缸套间隙过大的响声,随发动机温度上升而减轻 ⑧连杆轴承间隙过大,当转速突然降低,可听到沉重有力的撞击声 ⑨连杆衬套与活塞销间隙过大,此种声音轻微而尖锐,怠速时尤为清晰 ⑩曲轴止推垫片磨损轴向间隙过大时,怠速时出现曲轴前后游动碰击声	①按规定调整供油提前角 ②清洗,上喷油器试验台调整,更换针阀偶件 ③按规定调整气门间隙 ④适当放大气门间隙,修正连杆轴承的间隙,或更换连杆衬套 ⑤检查曲柄连杆机构运转情况,视情修复 ⑥更换弹簧、推杆或挺柱等并调整气门间隙 ⑦视情更换汽缸套、活塞和活塞环 ⑧检查曲轴连杆轴颈,更换连杆轴承 ⑨更换连杆衬套 ⑩更换曲轴止推片
6. 振动严重	
①各缸供油不均匀,个别喷油器雾化不良,个别缸漏气严重,压缩比相差较大等 ②柴油中有空气、有水 ③柴油机工作粗暴,敲缸	①检验喷油泵,校验喷油器,消除漏气故障,分析影响压缩比的原因并修复 ②排空气,沉淀后放水 ③校正供油提前角

続表

故障原因	排除方法
7. 柴油机过热	
①水泵损坏;风扇皮带打滑;水箱与风扇位置不当;节温器失灵;冷却系统管路受阻或堵塞;水套内水垢过厚;水泵排量不足;汽缸盖衬垫受损,燃气进入水道 ②燃油窜入曲轴箱;机油进水,机油带水变质;机油不足或过多;轴承配合间隙过小	①检修水泵;调整风扇皮带张紧程度或更换皮带;检查水箱安装位置;检查节温器工作情况;检查管路通道;清洗冷却系统及水套;检查水泵叶轮间隙;更换汽缸盖衬垫 ②检查汽缸与活塞环磨损情况及工作情况,视情修理;查清机油进水原因并修理,更换机油;检查油量;调整轴承配合间隙
8. 机油耗量过大	
①机油黏度低,牌号不对 ②活塞环与汽缸套磨损过大;油环的回油孔堵塞 ③活塞环胶结,气环上下装反 ④曲轴前、后油封、油底壳结合平面、汽缸盖罩等密封处漏油 ⑤机油滤芯胶垫及机油管路漏油	①调用规定牌号机油 ②更新、清洗回油孔 ③清洗或更换 ④检查和整修,或更换有关零件 ⑤检修
9. 转速剧增	
①拉杆卡死在大油量位置,调速器失去作用 ②调速器滑动盘轴套卡住 ③调节臂从拨叉中脱出	①拆修调速器及调速器拉杆 ②检修 ③检修
10. 自行停车	
①油路中断,油路进入空气,输油泵不供油;柴油滤芯、滤网阻塞 ②活塞与汽缸抱死 ③曲轴主轴颈或连杆轴颈与轴瓦抱死 ④喷油泵出油阀卡死,柱塞弹簧断裂,调速器滑动盘轴套卡住	①放空气,检修输油泵;清洗滤芯、滤网 ②配合间隙不对;冷却系有故障或严重缺水 ③缺机油或润滑系部件出故障,检修更换 ④上油泵试验台调试及更换配件
11. 游车	
①各缸供油量不均匀;喷油器滴油;拉杆拨叉螺钉松动 ②喷油泵供油拉杆拨叉与柱塞调节臂间隙过大;调速器钢球及滑动盘磨损出现凹痕,滑动盘轴套阻滞 ③喷油泵凸轮轴轴向移动间隙过大	①上油泵试验台调整各缸供油量;上喷油器校验台调整喷油器或更换针阀偶件;固定拨叉螺钉 ②上油泵试验台调试,更换零件 ③用铜垫片调整

续表

故障原因	排除方法
12. 机油油面升高	
①汽缸套水封圈损坏 ②汽缸盖衬垫漏水 ③汽缸盖或机体漏水	①更换水封圈 ②更换汽缸盖衬垫 ③检修、更换

12.3 起重机的维修

起重机发生故障时，应先查明故障原因，然后修理或更换已损坏的零部件。表 12-2 为常见故障和排除方法。

表 12-2 常见故障和排除方法

部分	故障	原因	排除方法
电气系统	作业灯不亮或臂端灯不亮或室内灯不亮	①灯泡损坏 ②熔断器烧毁 ③接地不良 ④线短路 ⑤开关失效	更换 更换 修理 修理 修理或更换
	刮水器不动作	①熔断器烧毁 ②开关失效 ③电动机损坏 ④接地不良 ⑤导线短路	更换 更换 更换 修理 修理
	高度限位器不报警	①熔断器烧毁 ②接地不良 ③继电器出故障 ④导线短路 ⑤蜂鸣器出故障 ⑥限位开关失效 ⑦重锤绳破断	加油 修理 拧紧 换油或过滤 修理 更换 更换
液压泵	发出噪声	①油量不足 ②吸油管接头进气 ③安装螺栓松弛 ④液压油污染 ⑤传动轴振动 ⑥万向节磨损 ⑦液压泵出故障	加油 修理 拧紧 换油或过滤 修理 更换 更换

第 12 章　汽车吊常见故障及维修 ▶▶ 259

部分	故障	原因	排除方法
支腿	不动作	①溢流压力调整不当 ②多路阀失效	调整 更换
	吊重时支腿垂直油缸自然缩回	①双向液压锁失效 ②油缸内部漏油	修理 修理
	行驶时支腿垂直油缸自然下沉	①双向液压锁失效 ②油缸内部漏油 ③油缸向外漏油	修理 修理 修理
回转机构	不回转或动作迟缓	①溢流阀调定压力过低 ②多路阀失效 ③液压马达损坏 ④回转机构减速器出现故障	调整 修理 更换 修理
变幅机构	油缸伸不出	①溢流阀调定压力过低 ②限速锁内部漏油 ③油缸内部漏油	调整 修理 修理
	油缸缩不回和自然缩回	①平衡阀出故障 ②油缸内部漏油	修理或更换 修理
绳索机构	作业中吊臂自然缩回	①油缸内部漏油 ②平衡阀出故障 ③油缸、阀或管接头向外漏油	修理 修理 修理

12.4 钢丝绳的更换

随着使用时间的增加，钢丝绳将会产生疲劳现象，如不引起注意而继续使用该钢丝绳作业，是非常危险的。当钢丝绳出现下列现象之一时应予以更换。

（1）钢丝绳更换标准

① 一股中的断丝数达到或超过钢丝总数的10%（不包括填充钢丝）。

② 直径减少值超过公称直径的7%。

③ 扭结。

④ 显著的变形（绳股下陷、钢丝伸出）或锈蚀。

⑤ 绳端不规则。

（2）主起升钢丝绳（更换）

作业条件：

① 将起重机支平在坚实而平坦的地面上。

② 完全缩回吊臂。

主起升钢丝绳的更换见表 12-3。

表 12-3　主起升钢丝绳的更换

序号	操作步骤	注意事项	使用工具
1	将主钩下降到地面上 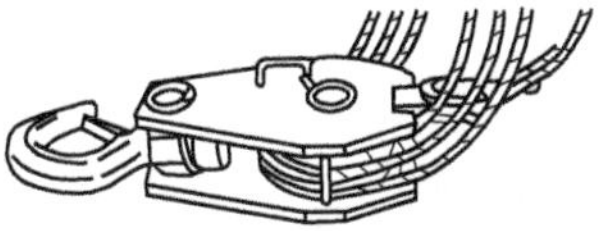 	要小心不要使钢丝绳在卷筒上乱卷	
2	从顶节主臂或主钩上卸下绳套 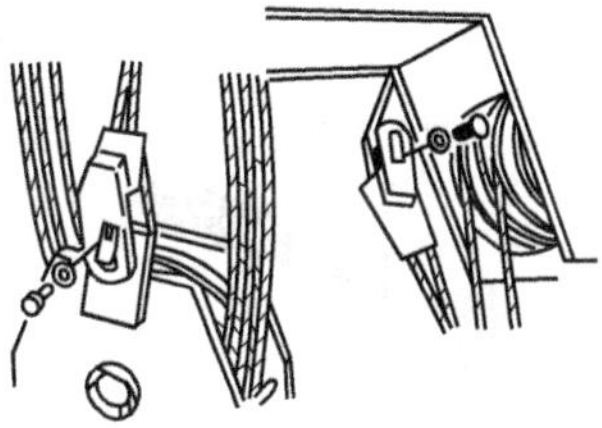 	保管零件，不要遗失	扳手
3	从绳套中拆出钢丝绳 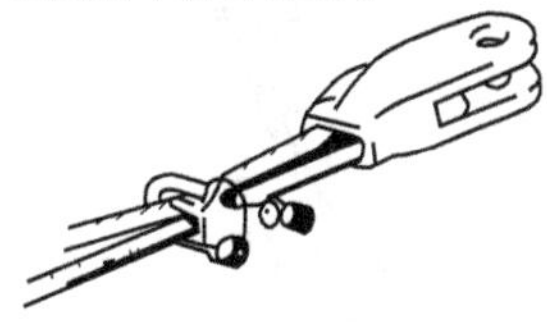 	注意保存零件，不要遗失	

序号	操作步骤	注意事项	使用工具
4	进行降钩操作,从卷筒中拉出钢丝绳	应同时用手拉出钢丝绳 	
5	从主卷筒上卸下钢丝绳 	保存好楔子	钢棒 手锤
6	使新钢丝绳绕过所有滑轮	注意不要绕错滑轮 	铁丝或乙烯塑料带
7	将钢丝绳段固定在主卷筒上 	①正确安装好楔子 ②绳头不应从卷筒外圆向外露出 	手锤

序号	操作步骤	注意事项	使用工具
8	绕起钢丝绳	要小心,不要使钢丝绳在卷筒上乱卷	铁丝或乙烯塑料带
9	按相应倍率使钢丝绳绕过顶节主臂滑轮和主钩滑轮	穿绕滑轮的次序不要搞错	
10	将绳套和绳夹装在钢丝绳上	正确安装好楔子	扳手手锤

序号	操作步骤	注意事项	使用工具
11	根据所用倍率将绳套装在顶节主臂或主钩上 		扳手
12	将吊臂起升并伸出,然后降下主钩,直到将卷筒上的钢丝绳全部放完为止 	不要过分降钩,否则会损坏钢丝绳	
13	起吊一个能使钢丝绳拉力约达钢丝绳单股最大容许载荷值 30% 的载荷,然后将钢丝绳绕到卷筒上 载荷重量 $W=0.3PN$ 钢丝绳倍率:N 起升钢丝绳单股最大允许载荷量:P	不得超过额定总起重量 钢丝绳单股最大容许载荷值按规定标准配置	
14	从主钩卸下载荷		

吊臂伸缩用钢丝绳的调整见表 12-4。

表 12-4　吊臂伸缩用钢丝绳的调整

序号	操作步骤	注意事项	使用工具
1	完全缩回吊臂,将其置于水平状态		
2	将第二节主臂和顶节主臂约伸出1m,然后缓慢缩回。这时,测量顶节主臂未能完全缩回的长度(尺寸 A)	尺寸 A 是第二节主臂端面距顶节主臂挡块的距离	刻度尺
3	将第二节、顶节主臂约伸出 1m		
4	拧松锁紧螺母后,将缩臂调整螺母拧紧到能使尺寸 A 消失的程度	先拧松锁紧螺母后再拧紧调整螺母,调整螺母不要过于拧紧。调整后,一定要重新拧紧螺母	刻度尺扳手
5	缓慢地缩回第二节和顶节主臂,确认第二节主臂的挡块和顶节主臂的挡块确实同时触到各自的对应部分	若两个挡块不能同时接触,应再次伸出第二节和顶节主臂,然后拧转调整螺母 若第二节主臂的挡块先接触时,应拧紧调整螺母 若顶节主臂的挡块先接触时,应拧松调整螺母	扳手
6	完全缩回主臂		

序号	操作步骤	注意事项	使用工具
7	交替地拧紧位于左右两侧的伸臂调整螺母，使顶节主臂呈即将伸出的状态 **调整螺母**	若过分拧紧螺母会使缩臂用钢丝绳呈过紧状态。调整后，一定要重新拧紧锁紧螺母	
8	先伸出第二节和顶节主臂，然后再次缓慢地缩回。确认第二节主臂的挡块和顶节主臂的挡块确实同时触到各自的对应部分 **第二节 顶节 挡块**	两个挡块应同时接触	

吊臂长度见表 12-5。

表 12-5 吊臂长度   m

	8.6
	14.8
	21

（3）液压油路的溢流阀调定压力

① 溢流阀的调定压力为 210kgf/cm²。

② 伸缩油路溢流阀调定压力为 85kgf/cm²。

③ 各机构平衡阀开启压力为 30～50kgf/cm²。

（4）油量

① 液压系统总油量（QY12）为 350L。

② 起升机构齿轮油量约为 2.5L。

③ 回转机构齿轮油量约为 2L。